普通高等教育土木工程学科精品规划教材（学科基础课适用）

画法几何与工程制图基础

DESCRIPTIVE GEOMETRY AND ENGINEERING GRAPHICS FOUNDATION

远 方 主编

戴丽荣 王养军 尹建忠 李 斌 编

天津大学出版社

TIANJIN UNIVERSITY PRESS

内 容 提 要

本书与《画法几何与工程制图基础习题集》配套使用。本套教材以教育部高等学校工程图学教学指导委员会 2010 年制订的《普通高等学校工程图学课程教学基本要求》和国家相关制图标准为依据,并结合多年来土木工程制图课教改经验成果编写而成。

全书共分为九章,其中第 1 章至第 5 章为画法几何基础理论部分,该部分以点、线、面和体的投影为主线由浅入深、由易到难逐次展开;第 6 章组合体视图、第 7 章剖面图和断面图、第 8 章轴测图和第 9 章标高投影为制图应用基础部分,该部分内容相对独立,读者可根据需要与基础理论部分搭配学习。

本套教材可作为高等院校土木工程类各专业和非土木工程类专业土木工程制图的教学教材,也可作为继续教育相关专业的自学教材或参考资料。

图书在版编目(CIP)数据

画法几何与工程制图基础/远方主编;戴丽荣等编. —天津:天津大学出版社,2014.6(2025.1 重印)

普通高等教育土木工程学科精品规划教材. 学科基础课适用

ISBN 978-7-5618-5087-9

Ⅰ. ①画… Ⅱ. ①远… ②戴… Ⅲ. ①画法几何 – 高等学校 – 教材 ②工程制图 – 高等学校 – 教材 Ⅳ. ①TB23

中国版本图书馆 CIP 数据核字(2014)第 117644 号

HUAFAJIHE YU GONGCHENGZHITU JICHU

出版发行		天津大学出版社
地 址		天津市卫津路 92 号天津大学内(邮编:300072)
电 话		发行部:022-27403647
网 址		www. tjupress. com. cn
印 刷		天津泰宇印务有限公司
经 销		全国各地新华书店
开 本		185mm × 260mm
印 张		13.25
字 数		331 千
版 次		2015 年 1 月第 1 版
印 次		2025 年 1 月第 5 次
定 价		35.00 元

凡购本书,如有缺页、倒页、脱页等质量问题,烦请与我社发行部门联系调换

版权所有　　侵权必究

普通高等教育土木工程学科精品规划教材

编审委员会

主　任：顾晓鲁　天津大学教授

委　员：戴自强　天津大学教授

　　　　董石麟　浙江大学教授

　　　　郭传镇　天津大学教授

　　　　康谷贻　天津大学教授

　　　　李爱群　东南大学教授

　　　　李国强　同济大学教授

　　　　李增福　天津大学教授

　　　　刘惠兰　天津大学教授

　　　　刘锡良　天津大学教授

　　　　刘昭培　天津大学教授

　　　　石永久　清华大学教授

　　　　沈世钊　哈尔滨工业大学教授

　　　　沈祖炎　同济大学教授

　　　　谢礼立　中国地震局工程力学研究所研究员

普通高等教育土木工程学科精品规划教材

编写委员会

主　任：姜忻良

委　员：（按姓氏汉语拼音排序）

毕继红　陈志华　丁　阳　丁红岩　谷　岩　韩　明

韩庆华　韩　旭　亢景付　雷华阳　李砚波　李志国

李忠献　梁建文　刘　畅　刘　杰　陆培毅　田　力

王成博　王成华　王　晖　王铁成　王秀芬　谢　剑

熊春宝　闫凤英　阎春霞　杨建江　尹　越　远　方

张彩虹　张晋元　郑　刚　朱　涵　朱劲松

总序

随着我国高等教育的发展,全国土木工程教育状况有了很大的发展和变化,教学规模不断扩大,对适应社会的多样化人才的需求越来越紧迫。因此,必须按照新的形势在教育思想、教学观念、教学内容、教学计划、教学方法及教学手段等方面进行一系列的改革,而按照改革的要求编写新的教材就显得十分必要。

高等学校土木工程学科专业指导委员会编制了《高等学校土木工程本科指导性专业规范》(以下简称《规范》),《规范》对规范性和多样性、拓宽专业口径、核心知识等提出了明确的要求。本丛书编写委员会根据当前土木工程教育的形势和《规范》的要求,结合天津大学土木工程学科已有的办学经验和特色,对土木工程本科生教材建设进行了研讨,并组织编写了"普通高等教育土木工程学科精品规划教材"。为保证教材的编写质量,我们组织成立了教材编审委员会,聘请全国一批学术造诣深的专家作教材主审,同时成立了教材编写委员会,组成了系列教材编写团队,由长期给本科生授课的具有丰富教学经验和工程实践经验的老师完成教材的编写工作。在此基础上,统一编写思路,力求做到内容连续、完整、新颖,避免内容重复交叉和真空缺失。

"普通高等教育土木工程学科精品规划教材"将陆续出版。我们相信,本套系列教材的出版将对我国土木工程学科本科生教育的发展与教学质量的提高以及土木工程人才的培养产生积极的作用,为我国的教育事业和经济建设作出贡献。

丛书编写委员会

土木工程学科本科生教育课程体系

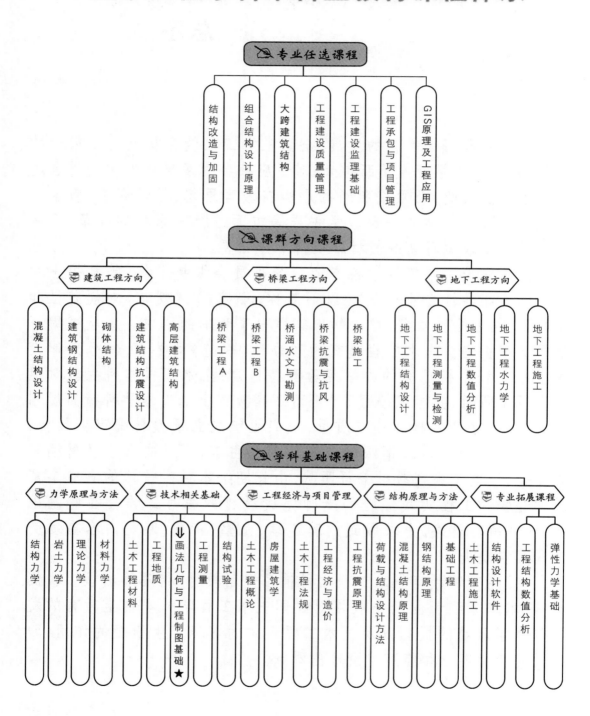

前言

　　本书与同时出版的《画法几何与工程制图基础习题集》配套使用。本套教材以教育部高等学校工程图学教学指导委员会 2010 年制订的《普通高等学校工程图学课程教学基本要求》和 GB/T 50001—2010《房屋建筑制图统一标准》、GB/T 50103—2010《总图制图标准》、GB/T 50104—2010《建筑制图标准》、GB/T 50105—2010《建筑结构制图标准》以及其他相关国家标准为依据，并结合多年来土木工程制图课教改经验成果编写而成。

　　本书在编写指导思想上着重两点：一是保持画法几何的学科体系完整性（第 1 章至第 5 章），通过循序渐进地理论学习，培养学生的空间问题逻辑分析能力，为进一步工程制图的应用奠定坚实基础；二是总结提炼土木工程中各专业工程图的共性部分，形成独立模块（第 6 章组合体视图、第 7 章剖面图和断面图、第 8 章轴测图和第 9 章标高投影），土木工程各专业可根据需要与画法几何的基础理论部分搭配选用。

　　为适应新时期教学课程学时不断减少的现实情况，本套教材按照事物的认识规律组织学习内容，由浅入深、由易到难、由简至繁，科学组织安排前后章节，剔除不必要的枝节部分，力求使学生在较短时间内掌握工程图的读绘方法，具备基本的读绘能力。

　　本套教材可作为高等院校土木工程类各专业和非土木工程类专业土木工程制图的教学教材，也可作为继续教育相关专业的自学教材或参考资料。

　　参加本套教材编写的有：天津大学尹建忠（第 1 章、第 6 章）、戴丽荣（第 2 章、第 9 章）、王养军（第 3 章、第 8 章）、李斌（第 4 章、第 7 章）和远方（第 5 章）。

　　由于作者水平有限，本套教材中难免存在缺点和错误，在此恳请读者批评指正。

编　者
2014 年 4 月

目　　录

第1章 概述、投影及点的投影

1.1 课程概述

1.1.1 课程性质和任务

在人类文明的发展过程中,伴随着土建工程、机械加工、产品制造等各种各样的工程生产实践活动。其中,工程设计是工程生产活动中必不可少的一个重要环节,它的主要表现形式是工程图样。工程图样是工程构思、分析和表达的载体,是工程师和工程技术人员交流设计思想的工具,因此被誉为工程师的"语言"。学习掌握这一"语言"是任何一个工程师或工程技术人员的必修课程。

该课程的主要任务是:

(1)学习投影基本理论;

(2)掌握形体表达方法;

(3)培养读图和绘图的基本技能;

(4)培养空间思维能力。

1.1.2 学习方法

(1)本课程学习的核心内容是要求学生具备由三维形体绘制平面图形或由平面图形想象三维形体的能力。学习时需要由浅入深、由简至繁、由易到难,循序渐进地理解三维形体和二维图形之间的转换过程和方法,必须逐步推进、环环相扣,像上台阶一样逐层提高空间思维能力。

(2)实践性强是本课程的另一特点。学习时除了课堂认真听讲之外,完成一定量的课外作业也非常必要。通过课外作业可以巩固课堂知识,并逐步提高空间想象能力。

(3)工程图样是非常严谨的技术资料。本课程学习时需要保持严谨的工作态度。无论是课堂内,还是课堂外,在完成工程图样绘制工作时,都要严格要求自己,认真绘图,并严格执行国家标准。

1.2 投影的基本概念

1.2.1 投影法及分类

将物体用光源光线照射,在选定的某个平面上形成影子,这一过程称为投影法,形成的影子称为投影。图 1-1 为上述投影法的几何模型化。图中平面 P 为选定的投影面;S 为处

于平面 P 外的光源,称为投射中心;A、B 和 C 是处于空间上的三点,其中 C 点在平面 P 内。由 S 点分别向 A、B、C 点作射线,得三条直线 SA、SB 和 SC,称为投射线。SA、SB 和 SC 分别与投影平面 P 相交,交点分别为 a、b 和 c,称为 A、B 和 C 点在平面 P 上的投影。

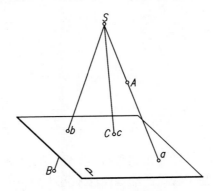

图 1-1　投影法几何模型化

根据投射线的几何形态不同,投影法可分为中心投影法和平行投影法两类。

1. 中心投影法

当所有投射线都汇交于投射中心一点时,这种投影法称为中心投影法,利用这种方法形成的投影称为中心投影,如图 1-2 所示。

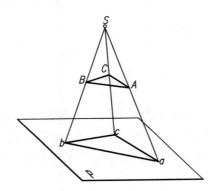

图 1-2　中心投影法

中心投影的特性是投影的大小会随物体在投射中心和投影面之间的相对位置变化而变化,且物体上同样长度的线条投影后长度可能不同。

在工程应用上,中心投影主要用来绘制透视投影图,简称透视图,如图 1-3 所示。透视图的优点在于直观且空间立体感强;缺点在于制图困难且度量性差。透视图多用于绘制效果图、广告图等,不用于绘制施工图。

2. 平行投影法

当所有投射线都互相平行时,这种投影法称为平行投影法,利用这种方法形成的投影称为平行投影,如图 1-4 所示。

根据投射线与投影面是否垂直,平行投影法又可分为正投影法和斜投影法两种。

1)正投影法

当投射线与投影面垂直时,这种投影法称为正投影法,利用这种投影法形成的投影称为

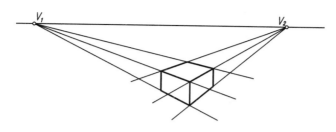

图 1-3　透视投影图

正投影,如图 1-4(a)所示。

2)斜投影法

当投射线与投影面不垂直时,这种投影法称为斜投影法,利用这种投影法形成的投影称为斜投影,如图 1-4(b)所示。

（a）正投影法　　　　　　　　　　　　　　　　（b）斜投影法

图 1-4　平行投影法

在工程应用上,平行投影法主要用来绘制轴测投影图、标高投影图和多面正投影图。

用正投影法将形体投射于一个投影面上,形成具有空间立体感的平面图形,称为正轴测图;用斜投影法将形体投射于一个投影面上,形成具有空间立体感的平面图形,称为斜轴测图。轴测投影图的优点在于有一定的可度量性,且直观、空间立体感强;缺点是绘图困难、烦琐。轴测投影图在工程上多作为施工图的辅助图样使用。图 1-5 为形体的轴测投影图。

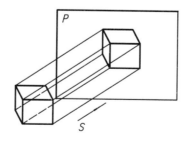

图 1-5　轴测投影图

用正投影法将形体表面上具有一定高差间距的所有等高线投射到与水平面平行的投影面上,形成等高线的投影,并在等高线的投影上注明等高线在空间上的高程值,这种单面正投影图称为标高投影图,如图 1-6 所示。图 1-7 示意了标高投影的原理及过程,形体被一系列高度不同的水平面截切,形体表面与这些水平面的交线则为等高线,将这一系列等高线向与水平面平行的投影面投影,则形成了标高投影图。标高投影图常用于表达不规则的曲面。

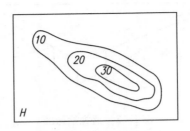

图 1-6　标高投影图

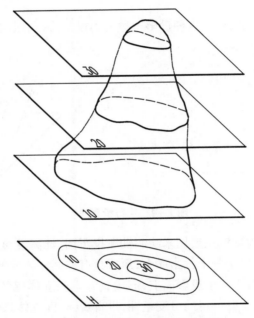

图 1-7　标高投影原理及过程示意

　　用正投影法将形体投射到相互垂直的两个或多个投影面上,形成平面图形,然后将这些平面图形展开到同一个平面,称为多面正投影图。将形体投射于多个投影面是因为单面正投影图或者两面正投影图有时不能完全确定形体形状。图 1-8(a)为三棱柱和四棱柱的单面正投影,两形体的投影相同,因此根据投影不能确定形体的形状;同样,图 1-8(b)为三棱柱和四棱柱的两面正投影,虽然增加了一个方向的投影,但是两形体的投影仍相同,根据投影仍不能确定形体的形状。只有再增加一个方向的投影,即将形体投射于三个两两互相垂直的投影面上,形成三个正投影图,则一般可以唯一确定形体的形状和大小,如图 1-9所示。

　　多面正投影图虽然表达形体不直观、立体感很差,但是却可以准确地描述形体的实际形状和大小。多面正投影图度量性好、绘制简单,因此在工程设计中应用非常广泛,例如绘制建筑施工图、机械零件加工图、包装设计图等。阅读和绘制多面正投影图是一项重要的职业技能,需要专门训练和艰苦努力才能获得,因此也是本课程的重点内容,要求学生必须熟练掌握。

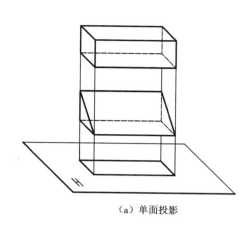
（a）单面投影

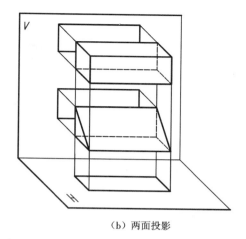
（b）两面投影

图 1-8　单面正投影和两面正投影立体图

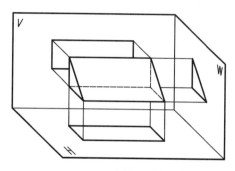

图 1-9　三面正投影立体图

1.2.2　平行投影的特性

1. 相仿性

当空间直线与投射线和投影面都不平行时,空间直线的投影是直线,但是投影的长度和直线的实际长度不相等;当空间平面的法线与投射线和投影面都不垂直时,空间平面的投影与平面的实际形状相仿。

如图 1-10 所示,空间直线 AB 与投射线和投影面都不平行,空间直线 AB 上无数点的投影都对应落在投影面内的直线 ab 上,ab 和 AB 形状相仿,都是直线,但是长度不等;空间平面 $\triangle CDE$ 的法线与投射线和投影面都不垂直,空间平面 $\triangle CDE$ 上无数点都对应落在投影面内 $\triangle cde$ 上,$\triangle cde$ 和 $\triangle CDE$ 形状相仿,都是三角形,但面积不同。

2. 积聚性

当空间直线与投射线平行时,空间直线的投影是点;当空间平面的法线与投射线垂直时,空间平面的投影是直线。

如图 1-11 所示,空间直线 AB 与投射线平行,空间直线 AB 上无数点的投影都落在投影面的同一点 $a(b)$ 上,形成投影,即空间直线投影后变成点,体现了积聚的特性;空间平面 $\triangle CDE$ 的法线与投射线垂直,空间平面 $\triangle CDE$ 上无数点的投影都对应落在投影面内的直线

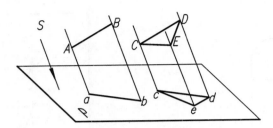

图 1 - 10　平行投影的相仿性特性

ced 上,形成投影,即空间平面投影后变成直线,体现了积聚的特性。

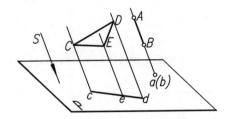

图 1 - 11　平行投影的积聚性特性

3. 实形性

当空间直线与投影面平行时,空间直线的投影是直线,且投影的长度与直线的实际长度相等;当空间平面的法线与投影面垂直时,空间平面的投影与平面的实际形状相同。

如图 1 - 12 所示,空间直线 *AB* 与投影面 *P* 平行,空间直线 *AB* 上无数点都落在投影面内的直线 *ab* 上,形成投影,且投影 *ab* 反映空间直线 *AB* 的真实长度;空间平面 △*CDE* 的法线垂直于投影面 *P*,空间平面 △*CDE* 上无数点都落在投影面内的 △*cde* 上,形成投影,且 △*cde* 反映 △*CDE* 的真实形状。

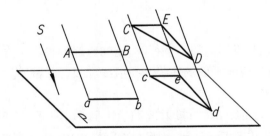

图 1 - 12　平行投影的实形性特性

4. 平行性

当两条空间直线相互平行且不与投射线平行时,两条空间直线的投影相互平行;当两个空间平面相互平行且它们的法线垂直于投射线时,两个空间平面的投影相互平行。

如图 1 - 13 所示,空间直线 *AB* 与 *CD* 平行且不与投射线平行,两条空间直线上的无数点都分别对应落在投影面内的直线 *ab* 与 *cd* 上,形成投影,且投影 *ab* 与 *cd* 平行;空间平面 △*EFG* 和 △*KMN* 平行,且它们的法线与投射线垂直,两个空间平面上的无数点都分别对应落在投影面内的直线 *feg* 和 *kmn* 上,形成投影,且投影 *feg* 和 *kmn* 相互平行。

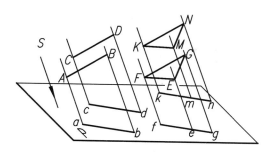

图 1-13　平行投影的平行性特性

5. 从属性

当空间点在空间直线上，即点从属于直线时，空间点的投影在空间直线的投影上，即点的投影从属于直线的投影；当空间点或空间直线在空间平面上，即点或直线从属于空间平面时，空间点或空间直线的投影在空间平面的投影上，即点或直线的投影从属于空间平面的投影。

如图 1-14 所示，空间点 M 从属于空间直线 AB，空间点 M 的投影 m 从属于空间直线 AB 的投影 ab；空间点 N 和空间直线 CK 从属于空间平面 $\triangle CDE$，空间点 N 和空间直线 CK 的投影 n 和 ck 从属于空间平面的投影 $\triangle cde$。

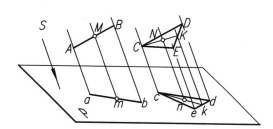

图 1-14　平行投影的从属性和定比性特性

6. 定比性

当空间点从属于空间直线段时，空间点分割空间直线段的比例等于空间点的投影分割空间直线段投影的比例。

如图 1-14 所示，空间点 M 分割直线段 AB 成 AM 和 MB，空间点的投影 m 分割空间直线段 AB 的投影 ab 成 am 和 mb，且 $AM:MB = am:mb$；空间点 N 分割直线段 CK 成 CN 和 NK，空间点的投影 n 分割空间直线段的投影 ck 成 cn 和 nk，且 $CN:NK = cn:nk$。

1.3　三面投影体系

1.3.1　三面投影体系的建立

为了用正投影图确定空间形体的形状和大小，一般需要将三个投影平面放置成两两相互垂直的位置关系，如图 1-15 所示。

三个投影平面两两相互垂直，将空间分为八个分角，顺序依次如图 1-15 所示。我国采

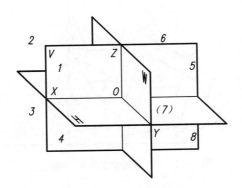

图 1-15　三面投影体系的建立

用第 1 分角进行正投影,与水平面平行的投影平面称为水平投影面,用字母"H"表示,所以也称作 H 投影面,简称 H 面;位于观测者正前方的投影平面称为正立投影面,用字母"V"表示,所以也称作 V 投影面,简称 V 面;位于观测者右侧的投影平面称为侧立投影面,用字母"W"表示,所以也称作 W 投影面,简称 W 面。三个投影平面相互垂直相交得三条交线,分别称为 OX、OY 和 OZ 轴,三轴的交点是投影体系的原点,用字母"O"表示。

　　将形体置于第 1 分角,分别向三个投影面作正投影,形成三面正投影图,如图 1-16 所示。向 H 面作投影时,由上向下投影;向 V 面作投影时,由前向后投影;向 W 面作投影时,由左向右投影。在 H 面形成的投影图称为水平面投影图,简称水平投影;在 V 面形成的投影图称为正立面投影图,简称正面投影;在 W 面形成的投影图称为侧立面投影图,简称侧面投影。

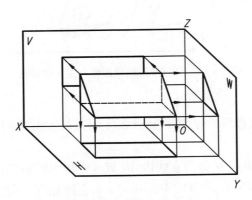

图 1-16　形体在第 1 分角的三面正投影

　　图 1-16 中三个投影面上形成的投影图仍然处于立体空间上,为了将三个投影从空间向平面转化,必须将形成投影之后的三个投影面展开到同一个平面内。三个投影面展开时遵循如下规定:V 面固定不动,H 面绕 OX 轴向下旋转 90°,W 面绕 OZ 轴向右旋转 90°,使 H 面和 W 面带着相应的投影旋转到和 V 面处于同一个平面内。需要注意的是,H 面和 W 面的交线是 OY 轴,OY 轴分别随着 H 面和 W 面旋转,分别得到 OY_H 轴和 OY_W 轴,如图 1-17 所示。三个投影面展开后,得到三面正投影体系,如图 1-18 所示。

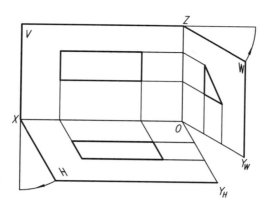

图 1 - 17　展开三面投影体系的示意

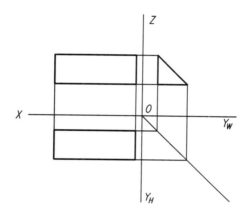

图 1 - 18　三面正投影体系

1.3.2　三面投影的关系

在如上建立的三面投影体系中,沿 OX 轴方向度量的尺寸是形体的长,沿 OY 轴方向度量的尺寸是形体的宽,沿 OZ 轴方向度量的尺寸是形体的高。由于 V 面投影和 H 面投影同时反映了形体的长,展开后形体的 V 面投影和 H 面投影的长保持相等,即二者投影保持"长对正";由于 V 面投影和 W 面投影同时反映了形体的高,展开后形体的 V 面投影和 W 面投影的高保持相等,即二者投影保持"高平齐";由于 H 面投影和 W 面投影同时反映了形体的宽,展开后形体的 H 面投影和 W 面投影的宽保持相等,即二者投影保持"宽相等",如图 1 - 19 所示。

1.4　点的投影

点是组成线、面、体的最基本的要素。研究点的投影及其规律是研究线、面、体等投影的基础。

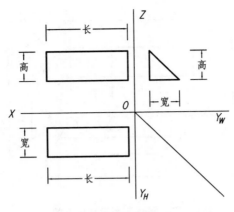

图 1 – 19　三面投影的关系

1.4.1　点的三面投影

1. 投影原理及过程

将空间点按照正投影法向相互垂直的水平投影面、正立投影面和侧立投影面作投影,即过空间点分别向三个投影面作垂线,垂线与三个投影面的交点分别为空间点在三个投影面的投影。

如图 1 – 20(a)所示,作空间点 A 在 H 面、V 面和 W 面的投影,可以过空间点 A 分别作 H 面、V 面和 W 面的垂线,垂足 a、a' 和 a'' 即分别是 A 点在 H 面、V 面和 W 面的投影。

2. 投影体系展开及投影图

图 1 – 20(a)是空间点在 H 面、V 面和 W 面投影的立体图,为了形成投影图,需要将立体图展开到同一平面上绘制,形成展开图。展开规则如前文所述,展开后的形态如图 1 – 20(b)所示。为了简化绘图,展开图中的投影面边界外框线可以不画,各投影面标识可以省略,称为投影图,如图 1 – 20(c)所示。连接投影 a 和 a'、a' 和 a''、a 和 a'' 的直线段绘制成细线,称为投影连线。

3. 投影规律

(1)空间点的任意两个投影面的投影连线与对应的投影轴垂直。如图 1 – 20(c)所示,$aa' \perp OX$、$a'a'' \perp OZ$、$aa_y \perp OY_H$ 以及 $a''a_y \perp OY_W$。

(2)空间点的 H 面投影到 OX 投影轴的距离反映空间点到 V 面的空间距离,为该点的 Y 坐标值,即 $aa_x = a''a_z = Aa'$,如图 1 – 20(a)所示;空间点的 V 面投影到 OZ 投影轴的距离反映空间点到 W 面的空间距离,为该点的 X 坐标值,即 $a'a_z = aa_y = Aa''$;空间点的 W 面投影到 OY 投影轴的距离反映空间点到 H 面的空间距离,为该点的 Z 坐标值,即 $a''a_y = a'a_x = Aa$。

作投影图时,为了保证 $aa_x = a''a_z$,可以用分规截取距离,还可以作 $\angle Y_H OY_W$ 的45°角平分线作为辅助线,如图 1 – 20(c)所示。

4. 书写规定

作投影图时,书写一般规定如下:表示空间点时采用大写的字母,比如 A、B、C、D 等;表示空间点的水平投影时采用相应的小写字母,比如 a、b、c、d 等;表示空间点的正面投影时采用相应的小写字母加一撇,比如 a'、b'、c'、d'等;表示空间点的侧面投影时采用相应的小写字

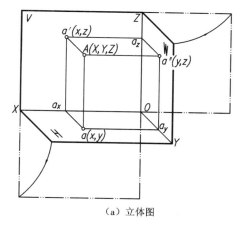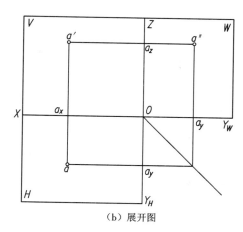

（a）立体图　　　　　　　　　　　　　　　　　　　（b）展开图

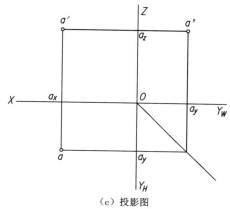

（c）投影图

图 1 - 20　点的三面投影

母加两撇,比如 a''、b''、c''、d''等。

1.4.2　点的两面投影

1. 投影原理及过程

将空间点按照正投影法向相互垂直的水平投影面和正立投影面作投影,即过空间点分别向两个投影面作垂线,垂线与两个投影面的交点分别为空间点在两个投影面的投影。

如图 1 - 21(a)所示,过空间点 A 分别作 H 面和 V 面的垂线,垂线与两个投影面的交点 a 和 a'即分别是 A 点在 H 面和 V 面的投影。

2. 投影体系展开及投影图

图 1 - 21(a)是空间点在 H 面和 V 面投影的立体图,与处理点的三面投影相类似,通过旋转水平投影面,可展开形成投影图,形成过程如图 1 - 21 所示。

3. 投影规律

(1)空间点的两面投影的投影连线与投影轴垂直,即 $aa' \perp OX$,如图 1 - 21(c)所示。

(2)空间点的 H 面投影到投影轴的距离反映空间点到 V 面的空间距离,即 $aa_x = Aa'$,如图 1 - 21(a)所示;空间点的 V 面投影到投影轴的距离反映空间点到 H 面的空间距离,即 $a'a_x = Aa$,如图 1 - 21(a)所示。

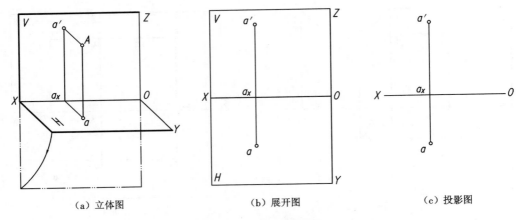

（a）立体图　　　　　　　　（b）展开图　　　　　　　（c）投影图

图 1 – 21　点的两面投影

空间点在一个投影面中的投影只能反映空间点的两个坐标。如图 1 – 22 所示，A 点在水平面中的投影只能确定 A 点的 (x,y) 坐标，因此不能确定空间点的空间位置。空间点在两面投影体系中的投影包含了空间点位置的三个坐标。如图 1 – 21 所示，A 点的 H 面投影 $a(x,y)$ 和 V 面投影 $a'(x,z)$，两个坐标对中包含了空间点 A 的 (x,y,z) 三个坐标值，因此可以确定点 A 的空间位置。

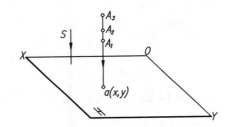

图 1 – 22　单面投影无法确定点的空间位置

两面投影可以确定空间点的空间位置，但是正如前文中图 1 – 8(b) 所示，两面投影并不一定能确定空间形体的形状和大小，这一点需要读者注意。

除了可以由水平投影面和正立投影面组成两面投影体系以外，两面投影体系还可以由正立投影面和侧立投影面组成，形成过程如图 1 – 23 所示，相应的投影规律读者可自行分析。

1.4.3　各种位置点的投影特征

根据空间点与投影面及投影轴的相对位置不同，空间点可分为一般位置点、投影面上的点和投影轴上的点。

1. 一般位置点

一般位置点是指位于八个分角中任一分角内的空间点，一般情况下我们只研究第 1 分角内的点，图 1 – 24 中的 A 点即为一般位置点。

2. 投影面上的点

投影面上的点是指位于某个投影面内的空间点。点在该投影面的投影是其本身，在另

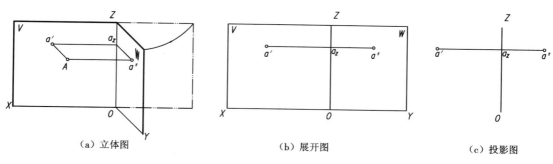

| （a）立体图 | （b）展开图 | （c）投影图 |

图 1－23　V 面和 W 面组成的两面投影体系

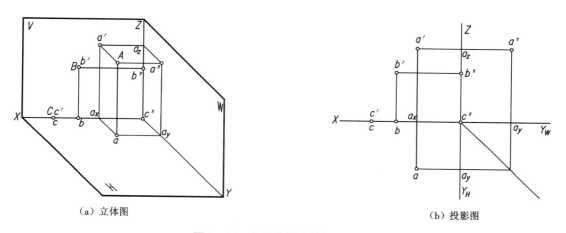

（a）立体图　　　　　　　　　　　　　　　　（b）投影图

图 1－24　各种位置点的投影特征

外两个投影面上的投影位于相应的投影轴上。图 1－24 中的 B 点即为正立投影面上的点。

3. 投影轴上的点

投影轴上的点是指位于某个投影轴上的空间点。投影轴上的点在共有该投影轴的两个投影面上的投影是其本身，在另外一个投影面上的投影为三个投影轴的交点，即原点。图 1－24 中的 C 点即为 OX 投影轴上的点。

例　已知空间点 A 的正面投影 a' 和侧面投影 a''，如图 1－25（a）所示，求作空间点 A 的水平投影。

解题分析

因为空间点 A 的两面投影已知，空间点 A 的空间位置唯一，所以空间点 A 的第三面投影唯一，并且可以根据点的投影规律作图，有两种作图方法。

作图过程

解法一：

（1）过点 A 的正面投影 a' 作 OX 轴的垂线，与 OX 轴交于 a_x；

（2）以 a_z 为圆心，截取 $a_z a''$ 的长度；

（3）以 a_x 为圆心，以 $a_z a''$ 为半径画弧，与 $a' a_x$ 的延长线相交，交点即为空间点 A 的水平投影 a，如图 1－25（b）所示。

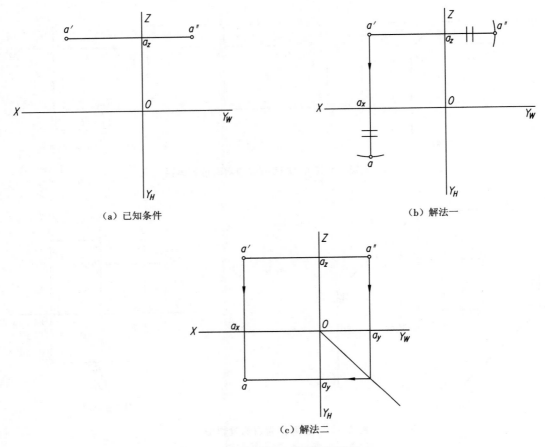

（a）已知条件　　　　　　　　　　　　（b）解法一

（c）解法二

图 1 - 25　求点 A 的第三面投影

解法二：

（1）过点 A 的正面投影 a' 作 OX 轴的垂线，与 OX 轴交于 a_x；

（2）作 $\angle Y_H OY_W$ 的 45°角平分线作为辅助线；

（3）过点 A 的侧面投影 a'' 作 OY_W 轴的垂线并延长，与 45°辅助线相交，过该交点作 OY_H 轴的垂线并延长，与 $a'a_x$ 的延长线相交，交点即为空间点 A 的水平投影 a，如图 1 - 25（c）所示。

该作图方法通过作 45°辅助线保证 $a_z a''$ 的长度等于 $a_x a$ 的长度。

1.4.4　两点的相对位置关系

两点的相对位置关系是指空间两点在空间上相互之间的上下、左右和前后关系。在三面投影体系中 OZ 轴方向可以体现上下关系，OX 轴方向可以体现左右关系，OY 轴方向可以体现前后关系，如图 1 - 26 所示。

两点的相对位置关系有如下三种情况。

（1）空间两点到投影体系中的三个投影面的空间距离分别对应不等，这种位置关系最为常见，属于两点位置关系的一般情况。如图 1 - 27 所示，空间点 A 相对于空间点 B 的位置如下：a_z 大于 b_z，A 点在 B 点上面；a_x 小于 b_x，A 点在 B 点右面；a_y 小于 b_y，A 点在 B 点后面。

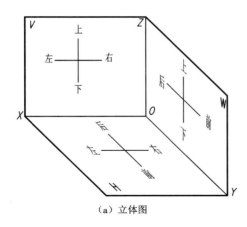
（a）立体图

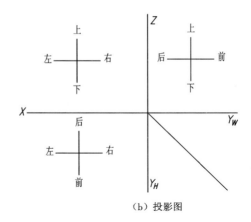
（b）投影图

图 1-26 投影体系中投影轴反映的上下、左右、前后关系

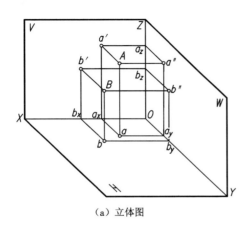
（a）立体图

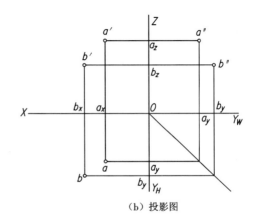
（b）投影图

图 1-27 两点位置关系的一般情况

（2）空间两点到投影体系中的某一个投影面的距离相等，这种位置关系属于两点位置关系的特殊情况之一。如图 1-28 所示，空间点 A 相对于空间点 B 的位置如下：a_z 大于 b_z，A 点在 B 点上面；a_x 小于 b_x，A 点在 B 点右面；a_y 等于 b_y，A 点与 B 点到 V 面的空间距离相等，前后位置一致。

（3）空间两点到投影体系中的某两个投影面的距离相等，这种位置关系属于两点位置关系的特殊情况之二。如图 1-29 所示，空间点 A 相对于空间点 B 的位置如下：a_z 等于 b_z，A 点与 B 点到 H 面的空间距离相等，高低位置一致；a_x 小于 b_x，A 点在 B 点右面；a_y 等于 b_y，A 点与 B 点到 V 面的空间距离相等，前后位置一致。

对于上述第三种情况，空间两点处于投影体系中某个投影面的同一条投射线上，在该投影面上的投影二者重合，空间上这样的两点称为该投影面的重影点。如图 1-29 所示，空间点 B 在空间点 A 的正左方，二者位于侧立投影面的同一条投射线上，侧面投影重影，这两点称为侧立投影面的重影点。

重影点在向重影的投影面投影时，存在相互遮挡的关系，因此可见性需要判断。如图 1-29 所示，将空间点 A 和空间点 B 向 W 面作投影时，B 点挡住了 A 点，B 点可见，A 点不可

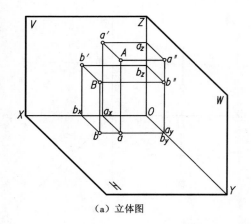
（a）立体图

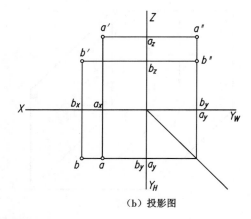
（b）投影图

图 1-28　两点位置关系的特殊情况之一

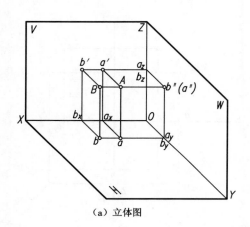
（a）立体图

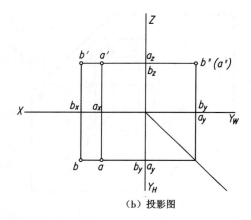
（b）投影图

图 1-29　两点位置关系的特殊情况之二

见。重影点可见性的判断,还可以根据空间点到重影投影面的距离判断,距离大的可见,距离小的不可见,图 1-29 中 b_x 大于 a_x,因此 B 点可见、A 点不可见。

　　重影点可见性的书写规定如下:可见点的投影写在前面,不可见点的投影写在后面并且用小括号括起来,如图 1-29 所示。

第2章 直线和平面的投影

2.1 直线的投影表达

本书中所述直线一般指线段。

一般情况下,直线的投影仍然为直线。两点确定一条直线,只要绘出直线上任意两点的投影,连接其同面投影(一个投影面上的投影)即为直线的投影。如图 2 – 1 所示,图 2 – 1(a)为 A、B 两点的投影,图 2 – 1(b)为直线 AB 的投影,图 2 – 1(c)为直线 AB 投影的立体图。

直线与其在各投影面上投影的夹角称为直线与投影面的夹角。直线与 H 面、V 面、W 面的夹角分别用 α、β、γ 表示,如图 2 – 1(c)所示。

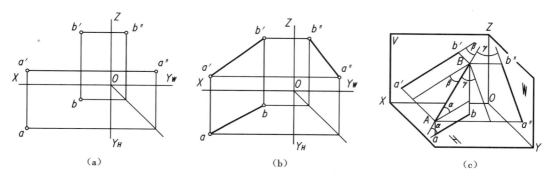

图 2 – 1 直线的投影

2.2 各种位置直线的投影

2.2.1 直线对一个投影面的投影特性

相对于一个投影面,直线有三种形式,即垂直线、平行线、倾斜线。图 2 – 2(a)表示直线 AB 垂直于投影面,为垂直线,投影积聚为一点;图 2 – 2(b)表示直线 AB 平行于投影面,为平行线,投影反映实长,即 $ab = AB$;图 2 – 2(c)表示直线 AB 与投影面倾斜,为倾斜线,投影长度小于实际长度,即 $ab < AB$。

2.2.2 直线对三个投影面的投影特性

在三面投影体系中,直线分为三大类七种情况,即投影面的平行线(水平线、正平线、侧平线)、投影面的垂直线(铅垂线、正垂线、侧垂线)和一般位置直线。

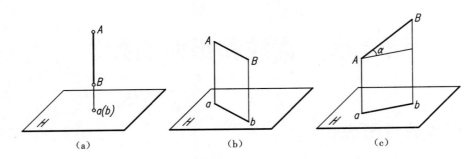

图 2 − 2　直线对一个投影面的投影

1. 投影面的平行线

投影面的平行线有三种情况,即平行于 H 面的直线,称为水平线;平行于 V 面的直线,称为正平线;平行于 W 面的直线,称为侧平线。其投影特性如表 2 − 1 所示。

表 2 − 1　投影面平行线的投影特性

名称	水平线($// H$ 面)	正平线($// V$ 面)	侧平线($// W$ 面)
立体图			
投影图			
投影特性	H面: $ab = AB$, 反映 β、γ 角 V面: $a'b' // OX$, $a'b' < AB$ W面: $a''b'' // OY_W$, $a''b'' < AB$	H面: $ab // OX$, $ab < AB$ V面: $a'b' = AB$, 反映 α、γ 角 W面: $a''b'' // OZ$, $a''b'' < AB$	H面: $ab // OY_H$, $ab < AB$ V面: $a'b' // OZ$, $a'b' < AB$ W面: $a''b'' = AB$, 反映 α、β 角

2. 投影面的垂直线

投影面的垂直线也有三种情况,即垂直于 H 面的直线,称为铅垂线;垂直于 V 面的直线,称为正垂线;垂直于 W 面的直线,称为侧垂线。其投影特性如表 2－2 所示。

表 2－2　投影面垂直线的投影特性

名称	铅垂线(⊥H面)	正垂线(⊥V面)	侧垂线(⊥W面)
立体图			
投影图			
投影特性	H面:投影积聚为一点 $a(b)$ V面: $a'b'$∥OZ, $a'b'$ =AB W面: $a''b''$∥OZ, $a''b''$ =AB	H面: ab∥OY_H, ab =AB V面:投影积聚为一点 $a'(b')$ W面: $a''b''$∥OY_W, $a''b''$ =AB	H面: ab∥OX, ab =AB V面: $a'b'$∥OX, $a'b'$ =AB W面:投影积聚为一点 $a''(b'')$

3.一般位置直线

不平行也不垂直于任何一个投影面的直线,称为一般位置直线,如图 2－3 所示。一般位置直线的投影特性:三个投影面上的投影均与投影轴倾斜;投影不反映实长,也不反映倾角。

例 2.1　试指出三棱锥各棱线相对于投影面为何种位置直线,如图 2－4 所示。

解题分析

(1)根据直线的投影特性可知,SA、SC 两条直线的三个投影与投影轴都倾斜,说明这两条直线为一般位置直线。

(2)直线 SB 的 H 面、V 面投影与对应的投影轴平行,W 面投影与投影轴倾斜,说明 SB 直线为侧平线。

(3)AB、BC 两条直线在 V 面、W 面的投影与对应的投影轴平行,H 面投影与投影轴倾斜,说明这两条直线为水平线。

(4)直线 AC 在 V 面和 H 面的投影与对应的投影轴垂直,在 W 面的投影积聚为一点,说明 AC 直线为侧垂线。

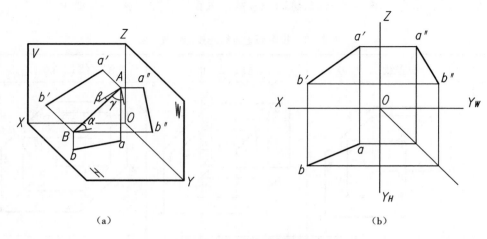

（a）　　　　　　　　　　　　　　　（b）

图 2 - 3　一般位置直线

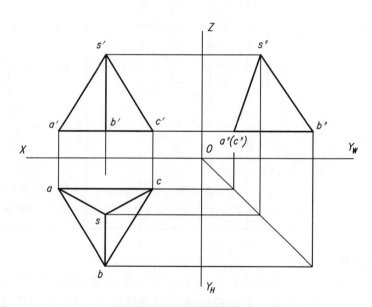

图 2 - 4　三棱锥的投影图

2.3　线段的实长及倾角

一般位置直线与三个投影面均倾斜,投影既不反映实长也不反映与投影面的倾角,可用直角三角形的方法求出其实长和倾角。

2.3.1　求线段的实长及其对 H 面的倾角 α

如图 2 – 5(a)所示,可用直角三角形 AB_1B 求出直线 AB 的实长及其与 H 面的倾角 α。在 $\triangle AB_1B$ 中,一个直角边为 AB 的水平投影长度 ab,另一个直角边为 A、B 两点的 Z 坐标差,即 ΔZ。图 2 – 5(b)为在投影图中求直线实长及 α 角的方法。

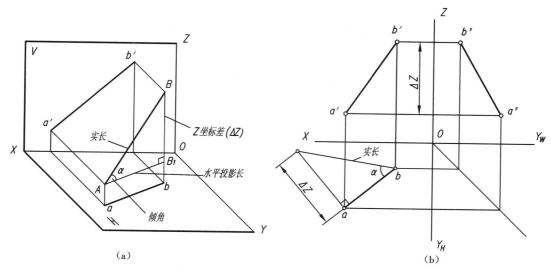

图 2 - 5　求一般位置直线实长及倾角 α

2.3.2　求线段的实长及其对 V 面、W 面的倾角 β、γ

如图 2 - 6(a) 所示，求线段实长及 β 角，可用直角三角形 AA_1B；求线段实长及 γ 角，可用直角三角形 AA_0B。图 2 - 6(b) 则为在投影图中求线段实长及倾角 β、γ 的方法。

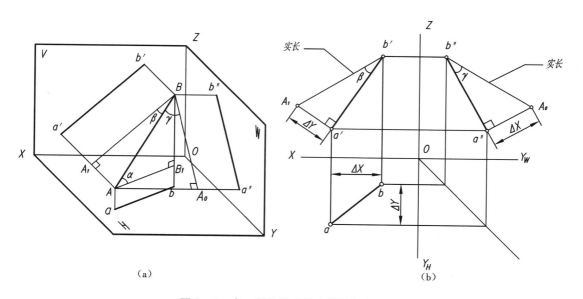

图 2 - 6　求一般位置直线实长及倾角 β、γ

直角三角形的四个要素：直线的实长、与投影面的倾角、在投影面上的投影长度、坐标差。在四个要素中如果有两个要素已知，即可求出另外两个要素，如图 2 - 7 所示。

例 2.2　已知 AB 直线的 V 面投影 $a'b'$ 及 A 点的水平投影 a，如图 2 - 8(a) 所示，且 AB 直线的实长为 30 mm，求 B 点的水平投影。

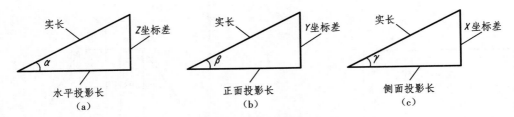

图 2-7   直角三角形四要素

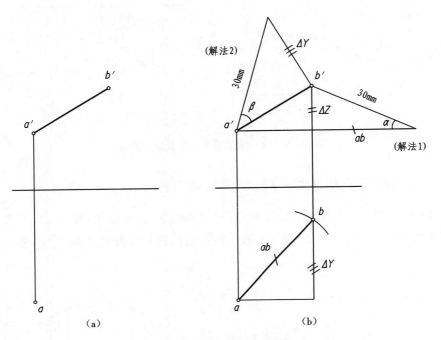

图 2-8   求 *B* 点水平投影

解题分析和作图过程

本题有两种解法：

(1)可用 ΔZ 和实长画出直角三角形,求 AB 的水平投影长度 ab,从而求出 B 点的水平投影,见图 2-8(b)解法一;

(2)可利用 AB 的 V 面投影长度 $a'b'$ 和实长画出直角三角形,从而求出 ΔY,然后在 H 面画出 B 点的水平投影 b,见图 2-8(b)解法二。

2.4   点与直线的相对位置关系

点与直线的相对位置关系有两种情况,即点在直线上和点不在直线上。

2.4.1   点在直线上

如果点的投影均在直线的同面投影上,则说明点在直线上。如图 2-9(a)所示,K 点在直线 AB 上。

2.4.2　点不在直线上

如果点的一个投影不在直线的同面投影上,则说明点不在直线上。如图 2-9(a)所示,M 点不在直线 AB 上。

图 2-9(b)表示了 K、M 两点的空间位置。

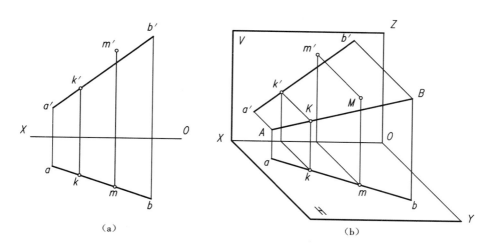

图 2-9　点与直线的相对位置

例 2.3　如图 2-10(a)所示,判断 K、M 点是否在直线 AB 上。

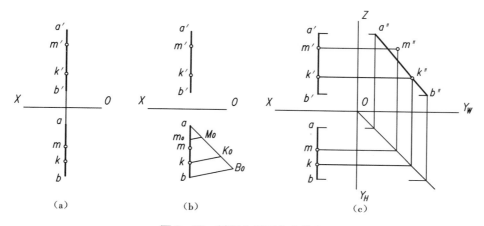

图 2-10　判断点是否在直线上

解题分析和作图过程

可以用两种方法判断 K、M 点是否在直线 AB 上,一种方法如图 2-10(b)所示,利用定比定理可知 K 点在 AB 上,M 点不在 AB 上;另一种方法如图 2-10(c)所示,求出第三投影,可以得出相同的答案。

2.5 直线的迹点

直线与投影面的交点称为直线的迹点,其中与 H 面的交点称为水平迹点,与 V 面的交点称为正面迹点,与 W 面的交点称为侧面迹点。

图 2–11(a)表示了水平迹点 M 和正面迹点 N 的空间位置及它们的三个投影。图 2–11(b)为在投影图中求水平迹点和正面迹点的方法,因为水平迹点 M 在 H 面上,所以 m' 肯定在 OX 轴上,又因为 M 点在 AB 直线的延长线上,所以 m' 又肯定在 $a'b'$ 的延长线上,所以延长 $b'a'$ 与 OX 轴相交的交点即为 m';过 m' 作 OX 轴垂线,与 ba 的延长线相交的交点即为 m。同理求出 N 点的两个投影,延长 ab 与 OX 轴相交得 n,过 n 作 OX 轴垂线,与 $a'b'$ 的延长线相交得 n'。图 2–11(c)表示了求水平迹点 M 和侧面迹点 S 三个投影的方法。

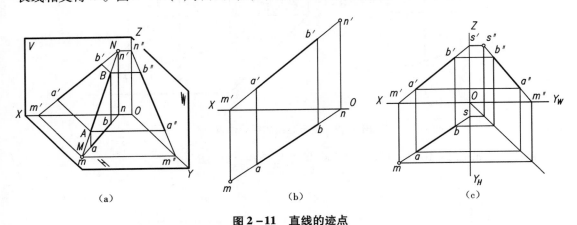

(a)　　　　　　　　(b)　　　　　　　　(c)

图 2–11　直线的迹点

2.6 两直线的相对位置关系

空间两直线的相对位置关系有三种情况,即平行、相交、交叉。平行、相交的两直线在一个平面上,称共面直线;交叉的两直线在不同的平面上,称异面直线。相交和交叉的两直线有一种特殊情况,就是两直线垂直相交或垂直交叉。

2.6.1 两直线平行

两直线平行,它们的同面投影肯定平行。对于两一般位置直线,有两个同面投影平行,就说明此两直线平行,如图 2–12(a)所示;对于两特殊位置直线,有时只有两个同面投影平行,还不能说明两直线肯定平行,如图 2–12(b)所示 AB、CD 均为侧平线,H 面和 V 面投影平行,作出 W 面投影后,发现 AB 和 CD 并不平行。

2.6.2 两直线相交

两直线相交,它们的同面投影肯定相交,并且交点的投影符合点的投影规律。如图 2–13(a)所示,AB 和 CD 两直线相交于 K 点,它们在 H 面和 V 面投影的交点则肯定为 K 点

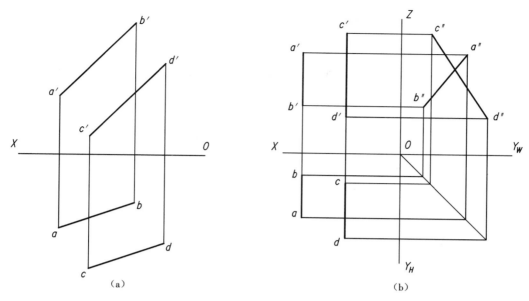

图 2－12　两直线平行

的两投影 k、k'。从图 2－13(b) 可以看出,交点 K 的两个投影 k、k' 的连线肯定与 OX 轴垂直。

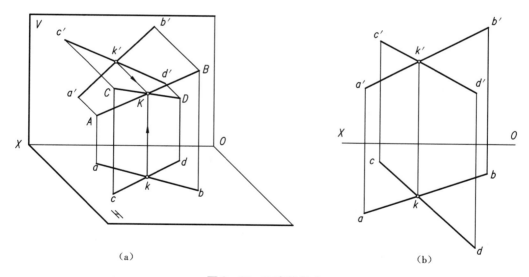

图 2－13　两直线相交

2.6.3　两直线交叉

交叉两直线的投影一般也相交,但交点不符合点的投影规律。图 2－14(a) 表示了 AB、CD 两交叉直线的空间位置及重影点的投影。如图 2－14(b) 所示,投影的交点为两条直线上两个点的重影。

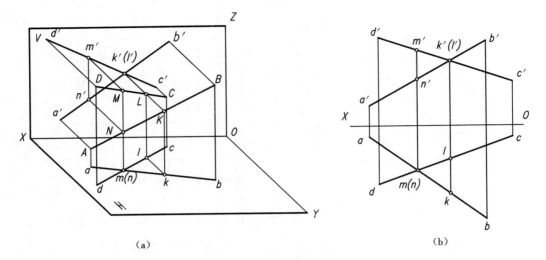

（a）   （b）

图 2 −14　两直线交叉

2.7　直角投影定理

　　直角投影定理:两直线相交(或交叉)成直角,若其中有一条直线与一投影面平行,则此直角仅在直线所平行的投影面上的投影反映为直角。其逆定理也成立。

　　如图 2 −15(a)所示,AB、AC 垂直相交,又知道 AB 为水平线,那么在水平面的投影 ab 和 ac 一定垂直;AB、DE 垂直交叉,因为 AB 是水平线,那么在 H 面的投影 ab 和 de 一定垂直。图 2 −15(b)为两直线垂直相交、垂直交叉的投影图,$a'b'$ ∥ OX,说明 AB 为水平线,ab、ac 垂直,则空间直线 AB、AC 垂直相交;ab、de 垂直,空间直线 AB、DE 垂直交叉。

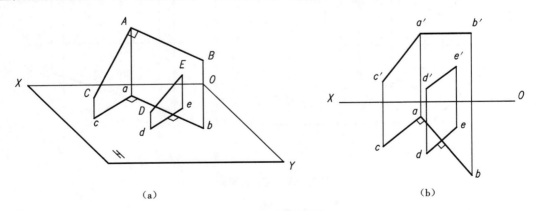

（a）   （b）

图 2 −15　两直线垂直

　　例 2.4　已经直线 AB 和点 C 的两面投影,过 C 点作一条水平线、一条正平线与直线 AB 垂直,如图 2 −16(a)所示。

　　解题分析和作图过程

　　根据直角投影定理,如图 2 −16(b)所示,水平线 CD 的水平投影与直线 AB 的水平投影

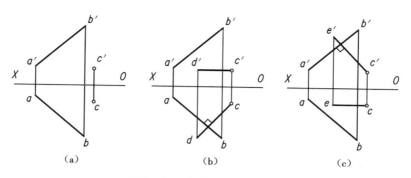

图 2 − 16　求直线的垂直直线

垂直,又因为 CD 为水平线,所以其 V 面投影与 OX 轴平行;如图 2 − 16(c)所示,正平线 CE 的 V 面投影与 AB 的 V 面投影垂直,又因为 CE 为正平线,所以其水平投影与 OX 轴平行。

2.8　平面的投影表达

2.8.1　平面的几何元素表达方法

(1)一个平面可以用不在一条直线上的三个点表示,如图 2 − 17(a)所示。

(2)一个平面可以用一条直线和直线外的一个点表示,如图 2 − 17(b)所示。

(3)一个平面可以用两条相交直线表示,如图 2 − 17(c)所示。

(4)一个平面可以用两条平行直线表示,如图 2 − 17(d)所示。

(5)一个平面可以用平面几何图形表示,图 2 − 17(e)为一个平面三角形表示平面。

以上几种表示方法,虽表达形式不同,但可以互相转化。

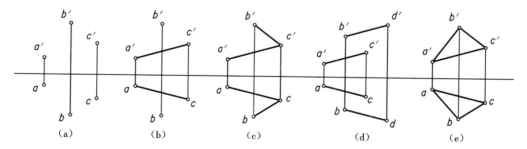

图 2 − 17　平面的几何元素表达方法

2.8.2　平面的迹线表达方法

与直线的迹点类似,平面也有迹线。平面与三个投影面的交线称为平面的迹线。与 H 面的交线称为 H 面(水平)迹线;与 V 面的交线称为 V 面(正面)迹线;与 W 面(侧面)迹线。如图 2 − 18(a)所示,一般位置平面 P 的水平迹线用 P_H 表示,正面迹线用 P_V 表示,侧面迹线用 P_W 表示;图 2 − 18(b)为 P 平面在投影图中迹线表达方法。

图 2 − 19 列出了各种特殊位置平面的迹线表示法。图 2 − 19(a)为正垂面,图 2 − 19

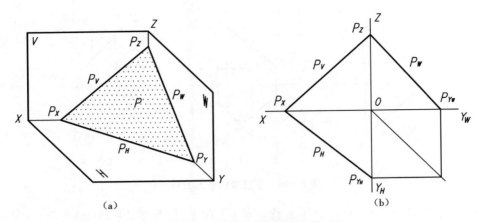

图 2 – 18　一般位置平面的迹线表示法

(b)为铅垂面,图 2 – 19(c)为侧垂面,图 2 – 19(d)为正平面,图 2 – 19(e)为水平面,图 2 – 19(f)为侧平面。

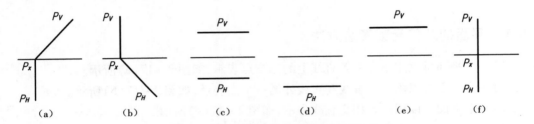

图 2 – 19　各种特殊位置平面的迹线表示法

2.9　各种位置平面的投影

在三面投影体系中,平面分为三大类七种情况:一类是投影面的平行面,包括水平面、正平面、侧平面;另一类是投影面的垂直面,包括铅垂面、正垂面、侧垂面;还有一类就是一般位置平面。投影面平行面和垂直面统称为特殊位置平面,其投影特性如表 2 – 3、表 2 – 4 所示。

表 2 – 3 投影面平行面的投影特性

名称	水平面	正平面	侧平面
立体图			
投影图			
投影特性	① H面投影反映实形； ② V面、W面投影积聚成直线，分别平行于投影轴OX、OY_W	① V面投影反映实形； ② H面、W面投影积聚成直线，分别平行于投影轴OX、OZ	① W面投影反映实形； ② V面、H面投影积聚成直线，分别平行于投影轴OZ、OY_H

表 2 - 4　投影面垂直面的投影特性

名称	铅垂面	正垂面	侧垂面
立体图			
投影图			
投影特性	① H面投影积聚成直线，反映与V面、W面的夹角； ② V、W面投影为类似形	① V面投影积聚成直线，反映与H面、W面的夹角； ② H面、W面投影为类似形	① W面投影积聚成直线，反映与H面、V面的夹角； ② V、H面投影为类似形

一般位置平面与三个投影面均倾斜，三个投影均为类似形，如图 2 - 20 所示。

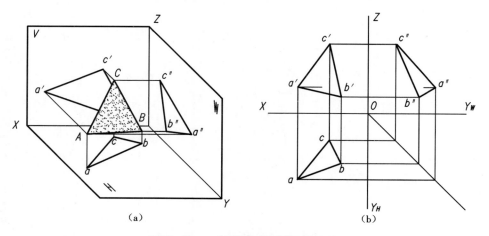

（a）　　　　　　　　　　　　　（b）

图 2 - 20　一般位置平面的投影特性

2.10　平面上定直线和定点

2.10.1　平面上定直线

如果一直线通过平面上两点,则此直线必在此平面上;如果一直线通过平面上一点,并且平行于平面上一条直线,则此直线必在此平面上,如图 2 – 21、图 2 – 22 所示。

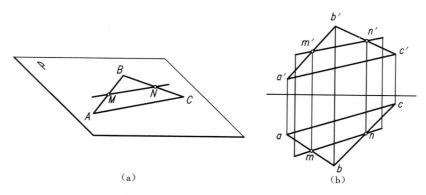

图 2 – 21　平面上取直线(方法一)

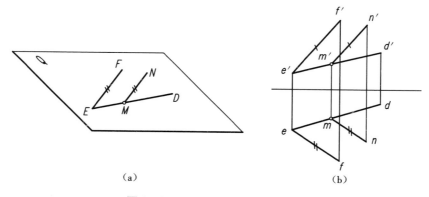

图 2 – 22　平面上取直线(方法二)

2.10.2　平面上定点

若在平面上定点,需先在平面上作辅助线,再在线上定点。如图 2 – 23(a)所示,图中给出三角形 ABC 内 M 点的 V 面投影和 N 点的 H 面投影,求出另外的投影,作图步骤如图 2 – 23(b)(求 m)、图 2 – 23(c)(求 n')所示。

例 2.5　已知平面四边形 $ABCD$ 的 H 面投影 $abcd$ 和 A、B、C 的 V 面投影 a'、b'、c',试完成其 V 面投影,如图 2 – 24(a)所示。

解题分析

A、B、C 三点确定一平面,它们的 V 面和 H 面投影已知。因此,完成平面四边形的 V 面投影问题,实际上是已知 ABC 平面上 D 点的 H 面投影 d,求其 V 面投影 d' 的问题。

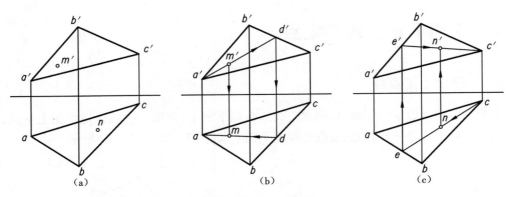

图2-23 平面上定点

作图过程

(1) 连接 a、c 和 a'、c'，得辅助线 AC 的两投影。

(2) 连接 bd 交 ac 于 e。

(3) 由 e 在 $a'c'$ 上求出 e'。

(4) 连接 b'、e'，在 $b'e'$ 的延长线上求出 d'。

(5) 连接 c'、d' 和 a'、d'，即为所求，如图 2-24(b) 所示。

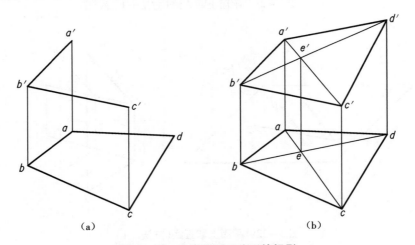

图2-24 完成平面四边形的投影

2.11 平面上的特殊位置直线

2.11.1 平面上投影面的平行线

平面上投影面的平行线包括水平线、正平线、侧平线，如图 2-25(a) 所示。图 2-25 (b) 为平面 ABC 内水平线 CE 和正平线 AD 的投影图。

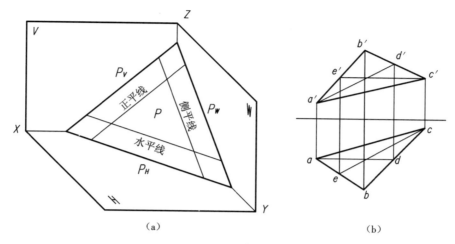

（a）　　　　　　　　　　（b）

图 2 - 25　平面上投影面的平行线

2. 11. 2　平面上最大坡度线

平面上有无数条直线,它们相对于投影面的倾角各不相同,其中必有一条直线相对于投影面的倾角最大,该直线称为最大坡度线,也称最大斜度线,最大坡度线与相应投影面的平行线垂直。

如图 2 - 26 所示,AD 是 P 平面对 H 面的最大坡度线,它垂直于水平线(包括水平迹线 P_H)。AD 对 H 面的倾角即为该平面对 H 面的倾角,用 α 表示。

现证明在 P 平面上的所有直线中,AD 的倾角 α 最大:在 P 平面内过 A 点任作一直线 AE,它对 H 面的倾角为 α_1,在直角 $\triangle ADa$ 中有 $\sin \alpha = Aa/AD$,在直角 $\triangle AEa$ 中有 $\sin \alpha_1 = Aa/AE$,因 $AD < AE$,故 $\alpha > \alpha_1$。

同理可知,对 V 面的最大坡度线与正平线垂直,其 β 角即为平面的 β 角;对 W 面的最大坡度线垂直于侧平线,其 γ 角即为平面的 γ 角。

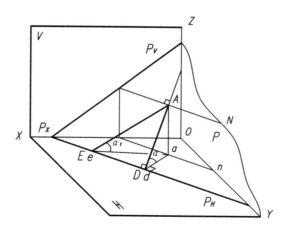

图 2 - 26　平面内对 H 面的最大坡度线

2.12　直线与平面、平面与平面的相对位置关系

直线与平面、平面与平面的相对位置关系有平行、相交两种情况。在相交中有一种垂直相交的特殊情况。

2.12.1　直线与平面、平面与平面平行

1.直线与平面平行

直线与平面平行的几何条件：如果一条直线与一平面内任何一条直线平行，则该直线与该平面平行。

如图 2-27 所示，已知平面三角形 ABC 的两投影，过平面外一点 D(d,d') 作一直线与平面平行。可以先在平面内任作一直线 CF(cf,c'f')，然后过 D 点作直线 DE 平行于直线 CF，则 DE 与平面 ABC 平行。

如图 2-28 所示，已知平面三角形 ABC 及直线 DE 的两投影，判断直线是否与平面平行。从图中看出平面内直线 CF 的 V 面投影与直线 DE 的 V 面投影平行，但 H 面投影不平行，说明直线与平面不平行。

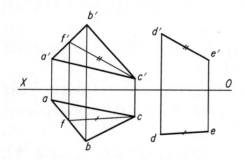

图 2-27　作直线与平面平行

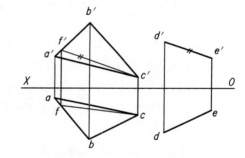

图 2-28　判断直线与平面是否平行

例2.6　如图 2-29(a) 所示，过平面 △ABC 外一点 D，作一水平线 DE 平行于平面 △ABC。

解题分析

DE∥△ABC，则 DE 应平行于 △ABC 内一直线，又因 DE 为水平线，故 DE 必平行于 △ABC 内的水平线。

作图过程

在 △ABC 内取一水平线 BF(b'f'∥OX 轴)，过 D 点作水平线 BF 的平行线 DE，即为所求，如图 2-29(b) 所示。

2.平面与平面平行

如果一个平面上的两相交直线对应平行于另一平面上的两相交直线，则此两平面平行。如图 2-30(a) 所示，P 平面上的 AB、CD 两相交直线对应平行于 Q 平面上的 EF、GH 两相交直线，则 P、Q 两平面平行。图 2-30(b) 表示了两平面上相交两直线同面投影对应平行。

对于垂直于同一投影面的两平面，只要两平面的积聚性投影相互平行，则两平面平行。

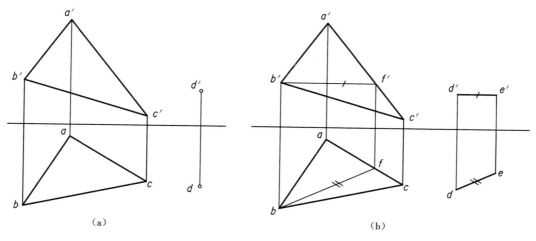

（a）　　　　　　　　　　　　　　　　　（b）

图 2-29　过已知点作水平线平行于已知平面

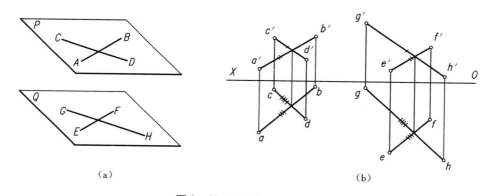

（a）　　　　　　　　　　　　　　　　　（b）

图 2-30　两平面平行（一）

如图 2-31 所示，两铅垂面在 H 面的积聚性投影平行，则这两平面平行。

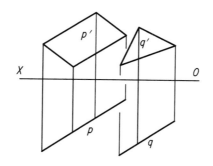

图 2-31　两平面平行（二）

2.12.2　直线与平面、平面与平面相交

1. 讨论有一个要素为特殊位置的情况

1）直线与平面相交

直线与平面相交需解决的问题：求直线与平面的交点，并判别直线的可见性。

Ⅰ.平面为特殊位置

如图2-32(a)所示,求一般位置直线 EF 和铅垂面△ ABC 的交点,并判别可见性。

求交点:如图2-32(b)所示,交点 K 的 H 面投影 k 可直接求出, k' 为过 k 作 OX 轴的垂线与 $e'f'$ 的交点。

判别可见性:如图2-32(c)所示, H 面投影没有遮挡问题,不用判断可见性; V 面投影可见性判断可用直观的方法,从 H 面投影可知,在交点 K 的右侧,直线在平面的前方,直线可见。平面不会被直线遮挡,不用判断平面的可见性。直线可见部分画实线,不可见部分画虚线。

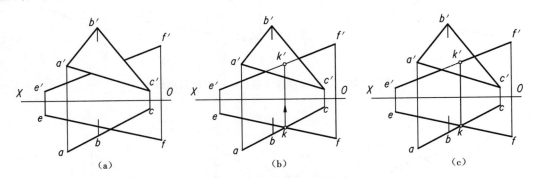

图2-32 一般位置直线与投影面垂直面相交

Ⅱ.直线为特殊位置

如图2-33(a)所示,铅垂线 EF 与一般位置平面 ABC 相交,求交点并判断可见性。

求交点:如图2-33(b)所示,交点 K 的 H 面投影 k 与直线 EF 的 H 面积聚性投影重合;交点 K 的 V 面投影 k' 需过 k 作辅助线 ad ,求出 AD 的 V 面投影 $a'd'$,与 $e'f'$ 的交点即为 k' 。

判别可见性:在此用重影点的方法,如图2-33(c)所示,1、2两点分别为直线 EF 和直线 AC 上的点(AC 在平面 ABC 上),从 H 面投影可以看出,1点在前、2点在后,说明直线上的1点在前为可见,所以此重影点附近直线可见,画实线;交点是可见和不可见的分界点,交点另一侧为虚线。因直线在 H 面积聚,所以 H 面不用判别可见性。

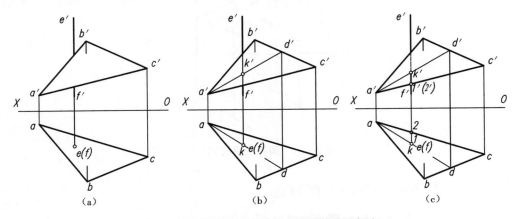

图2-33 特殊位置直线与一般位置平面相交

2）平面与平面相交

如图 2－34（a）所示，铅垂面 ⅠⅡⅢⅣ 与一般位置平面 ABC 相交，求交线并判断可见性。

求交线：如图 2－34（b）所示，交线的 H 面投影 mn 可以直接求得，对应求出交线的 V 面投影 m'n'。

判断可见性：如图 2－34（b）所示，H 面投影没有相互遮挡问题，不用判断可见性；V 面可见性判断可用直观的方法，交线右侧平面 ABC 在平面 ⅠⅡⅢⅣ 的前面，所以交线右侧平面 ABC 可见，平面 ⅠⅡⅢⅣ 不可见；交线为可见和不可见分界线，所以交线左侧平面 ABC 不可见，平面 ⅠⅡⅢⅣ 可见。可见的部分画实线，不可见的部分画虚线。

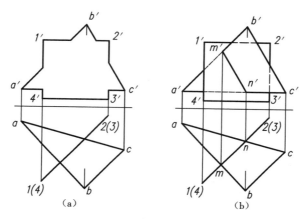

图 2－34　特殊位置平面与一般位置平面相交

2. 讨论两要素均为一般位置的情况

1）一般位置直线与一般位置平面相交

因为一般位置直线与一般位置平面的投影均没有积聚性，所以交点的投影无法从投影图中直接得出，需采用作辅助平面的方法。

求作一般位置直线与一般位置平面交点的方法，应分三步：

（1）包括直线作一辅助平面（一般作铅垂面或正垂面）；

（2）求作辅助平面与已知平面的交线；

（3）求此交线与已知直线的交点。

如图 2－35（a）所示，若求直线 EF 与三角形 ABC 的交点，需先通过直线 EF 作一铅垂面 P，如图 2－35（b）所示，在 H 面投影 P_H 与 EF 的 H 面投影 ef 重合；然后求出 P 平面与三角形 ABC 的交线 MN（mn、m'n'）；最后求出 MN 与 EF 的交点 K（k、k'）。

判别可见性：在此用重影点的方法，如图 2－35（c）所示。一般位置直线与一般位置平面相交，直线在 H 面、V 面投影都有被遮挡的问题，所以需分别判断可见性。

H 面：1、2 两点分别是 AC 和 EF 上相对于 H 面的重影点，从图中看出，1 点在 AC 上（在平面上），在上边，2 点在 EF 上，在下边，所以此位置平面遮挡直线，此部分直线应画为虚线。

V 面：3、4 两点分别是 EF 和 AB 上相对于 V 面的重影点，从图中看出 4 点在前、3 点在后，此处平面遮挡直线，此部分直线应画为虚线。

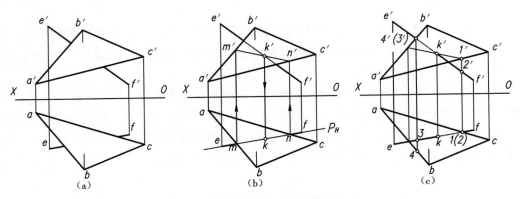

图 2 – 35　一般位置直线与一般位置平面相交

用辅助平面方法求一般位置直线与一般位置平面交点的立体图如图 2 – 36 所示。

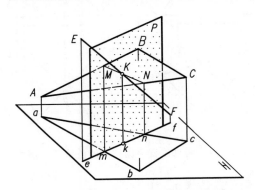

图 2 – 36　用辅助平面方法求交点的立体图

2）两一般位置平面相交

求两一般位置平面的交线，一般先求一个平面上的两条直线与另一平面的交点，将两个交点相连即为两平面的交线。

图 2 – 37 为两一般位置平面相交的立体图，图 2 – 37（a）为两平面全交，图 2 – 37（b）为两平面互交。

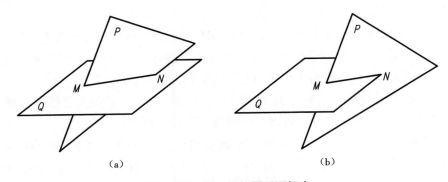

图 2 – 37　两一般位置平面相交

例 2.7　如图 2 – 38（a）所示，求 $\triangle ABC$ 与 $\triangle DEF$ 的交线。

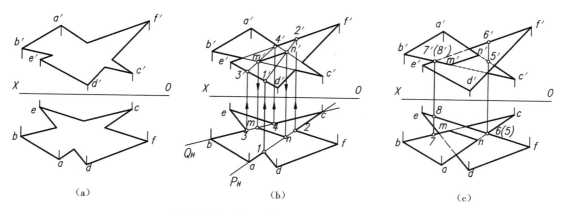

图 2－38　求两一般位置平面相交的交线

解题分析及作图过程

（1）求交线：如图 2－38(b)所示，首先过 AC 作铅垂面 P，其水平投影与 AC 的水平投影 ac 重合；然后求出 P 平面与 $\triangle DEF$ 的交线 III（12、1'2'）；最后求出 III 与直线 AC 的交点 N（n、n'）。同理求出直线 BC 与 $\triangle DEF$ 的交点 M（m、m'），连接 M、N（m、n 和 m'、n'）即为 $\triangle ABC$ 与 $\triangle DEF$ 的交线。

（2）判别可见性：H 面、V 面都有平面互相遮挡的问题，需分别判断。

H 面：如图 2－38(c)所示，5、6 两点分别为 AC 和 EF 上相对于 H 面的重影点，6 点在上，5 点在下，此位置 $\triangle DEF$ 可见，$\triangle ABC$ 不可见；交线的另一侧，则 $\triangle ABC$ 可见，$\triangle DEF$ 不可见。可见部分画实线，不可见部分画虚线。

V 面：7、8 两点分别为 BC 和 EF 上相对于 V 面的重影点，7 点在前、8 点在后，此位置 $\triangle ABC$ 可见，$\triangle DEF$ 不可见；交线的另一侧，$\triangle DEF$ 可见，$\triangle ABC$ 不可见。可见部分画实线，不可见部分画虚线。

2.12.3　直线与平面、平面与平面垂直

1. 直线与平面垂直

由初等几何可知，如果一条直线垂直于一平面内的任何两条相交直线，则这条直线必和此平面垂直；反之，若一条直线垂直于一平面，则这条直线垂直于平面内的所有直线，包括水平线、正平线，如图 2－39(a)所示。

由直角投影定理可知，在投影图中，若一直线垂直于一平面内的水平线和正平线，则此直线的水平投影必垂直于平面内水平线的水平投影，此直线的正面投影必垂直于平面内正平线的正面投影；反之，若一直线的水平投影垂直于平面内水平线的水平投影，此直线的正面投影垂直于平面内正平线的正面投影，则此直线必垂直于此平面，如图 2－39(b)所示。

例 2.8　如图 2－40(a)所示，已知三角形 BCD 和平面外一点 A 的投影图，过 A 点作一直线 AE 垂直于三角形 BCD。

解题分析

如果一条直线垂直于平面上的两相交直线，则直线垂直于该平面。因此，需要先在平面上构造正平线和水平线，然后过已知点作两线的垂线，即可保证该线垂直于已知平面。

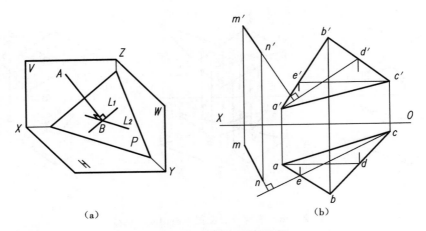

（a）　　　　　　　　　　（b）

图 2 – 39　直线与平面垂直

作图过程

如图 2 – 40（b）所示：

（1）作平面 BCD 中水平线 BM 的投影 bm、b'm'及正平线 DN 的投影 dn、d'n'；

（2）根据直角投影定理，过 a 作 ae⊥bm，过 a'作 a'e'⊥d'n'，则 ae、a'e'即为平面垂直线 AE 的两投影。

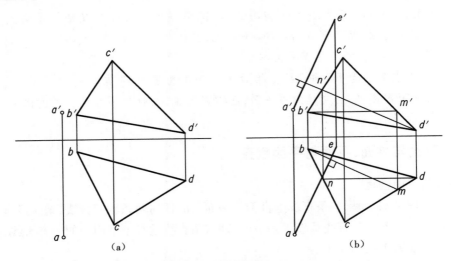

（a）　　　　　　　　　　　　（b）

图 2 – 40　过 A 点作直线垂直于平面 BCD

2. 平面与平面垂直

如果一平面通过另一平面的垂线，则这两平面互相垂直。如图 2 – 41 所示，AB 垂直于平面 H，则通过 AB 直线的所有平面，如 P、Q、R 平面均垂直于 H 面。

例 2.9　如图 2 – 42（a）所示，已知正垂面 ABC 及平面外一点 D，试过 D 点作一平面垂直于平面 ABC。

解题分析

过 D 点作一直线垂直于平面 ABC，然后通过此直线任作一平面均与 ABC 垂直。

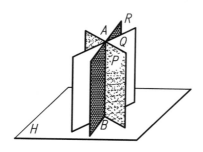

图2-41　平面与平面垂直

作图过程

如图2-42(b)所示:

(1)平面 ABC 为正垂面,垂直于正垂面的直线一定为正平线,直线 DE 为正平线,DE 的水平投影 de 平行于 OX 轴;

(2)根据直角投影定理,DE 的 V 面投影 d'e'垂直于平面 ABC 在 V 面的积聚性投影;

(3)过 D 点任作一直线 DF(df、d'f'),则平面 EDF 一定与平面 ABC 垂直。

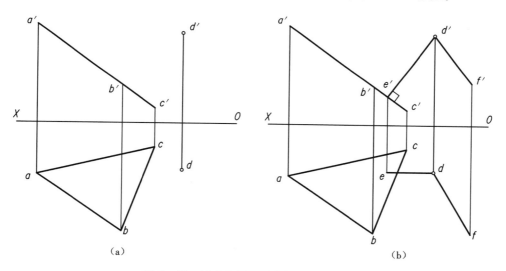

（a）　　　　　　　　　　　　　　　（b）

图2-42　过点作平面垂直于正垂面 ABC

例2.10　如图2-43(a)所示,过直线 AF 作一平面 AEF 垂直于平面 BCD。

解题分析及作图过程

如图2-43(b)所示:

(1)在平面 BCD 中作水平线 BM(bm、b'm')、正平线 DN(dn、d'n');

(2)过 A 点作直线 AE(ae、a'e')垂直于平面 BCD,ae⊥bm,a'e'⊥d'n',则平面 AEF(aef、a'e'f')必垂直于平面 BCD。

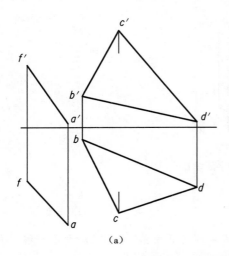

（a）

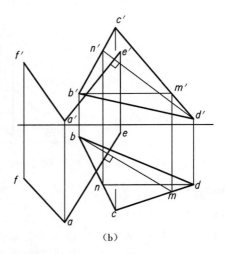

（b）

图 2 – 43　过直线作平面垂直于已知平面

第3章 投影变换

从前面的章节中我们可以看到,当几何元素为特殊位置时,对于问题的求解可以得到极大的简化,如图 3－1 所示。投影变换就是通过改变空间形体和投影面的相对位置使问题得以解决的新投影方法。

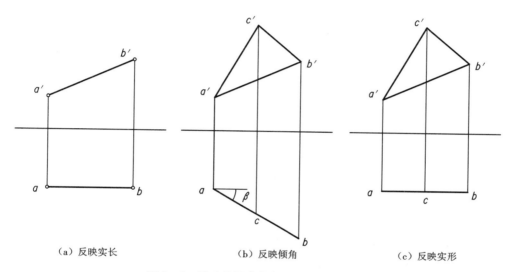

（a）反映实长　　　　　　　　　（b）反映倾角　　　　　　　　　（c）反映实形

图 3－1　特殊位置直线与平面的投影特性

投影变换主要有换面法和旋转法。

换面法:空间形体不动,用新的投影面来替换原有的投影面,得出空间形体新的投影,如图 3－2(a)所示。换面法的变换规律是点的新投影到新投影轴的距离等于点的被替换投影到被替换轴的距离。

旋转法:保持投影面不动,让空间形体绕某条轴线旋转到需要的位置,求出新的投影,如图 3－2(b)所示。

3.1　换面法

3.1.1　换面法的基本原理

1.新投影面的确定

用新投影面代替旧投影面时,新的投影面必须满足以下两个条件:

（1）新投影面必须垂直于一个旧投影面;

（2）新投影面必须使得空间几个要素处于有利于解题的位置。

2.换面法的基本规律

（1）新投影和保留的旧投影间的连线必然垂直于新的投影轴。

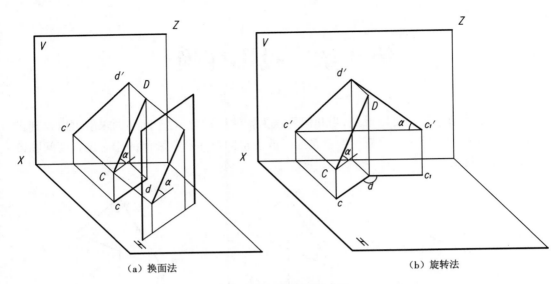

（a）换面法　　　　　　　　（b）旋转法

图 3 - 2　投影变换的方法

（2）新投影至新投影轴的距离等于被替代的旧投影至旧投影轴的距离。

（3）换面的过程中，两个投影面必须保留其中一个，换掉另一个，不能用两个新的投影面同时代替两个旧投影面。

3. 点的二次换面

二次换面是在一次换面的基础上进行的，第一次换面用 V_1 替换了 V 面，形成了新的投影体系 V_1 和 H 投影面，且 $V_1 \perp H$；第二次换面用 H_2 替换了 H 面，形成新的投影体系 V_1 和 H_2，且 $V_1 \perp H_2$，如图 3 - 3（a）所示。

图 3 - 3（b）中，第一次换面时，过 a 作 O_1X_1 的垂线，同时量取 $a_1{'}a_{x1} = a{'}a_x$，即可求得 $a_1{'}$（因为 H 投影面不变，所以空间点 A 到 H 面的距离不变）；第二次换面时，过 $a_1{'}$ 作 O_2X_2 的垂线，同时量取 $a_2a_{x2} = aa_{x1}$，即可求得 a_2（因为二次换面时保留 V_1 投影面，所以 A 点到 V_1 面的距离不变）。

3.1.2　换面法的基本作图问题

1. 一般位置直线变换为投影面的平行线

如图 3 - 4（a）所示，一般位置直线 AB 用 V_1 面替换 V 面，同时使 V_1 平行于直线 AB。由投影面的平行线的投影特性可知：直线 AB 在新的投影面 V_1 内的投影反映实长，同时反映直线 AB 与 H 面的夹角 α。

图 3 - 4（b）中，为了将直线变换为投影面的平行线，作 $O_1X_1 /\!/ ab$（O_1X_1 实际是新投影面的积聚投影，因为 $V_1 /\!/ AB$，故 $O_1X_1 /\!/ ab$），进而根据投影变换规律求出点 A 和 B 在 V_1 面的新投影 $a_1{'}$ 和 $b_1{'}$，连接 $a_1{'}$ 和 $b_1{'}$ 即可得直线 AB 的实长，同时 $a_1{'}b_1{'}$ 与 O_1X_1 的夹角反映直线 AB 与 H 投影面的夹角。

同理，可以通过 H_1 面来替换 H 投影面，并使 H_1 投影面与直线 AB 平行，在 H_1 投影面的新投影既反映实长，同时可以反映直线 AB 与 V 投影面的夹角 β。

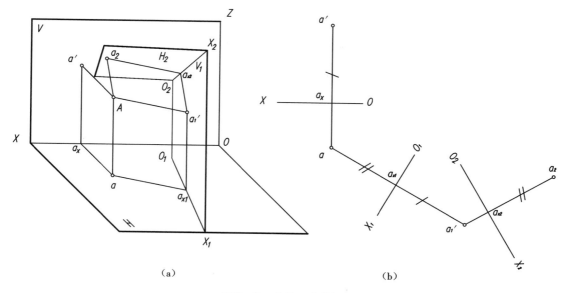

（a）　　　　　　　　　　　　　　（b）

图 3 - 3　点的二次换面

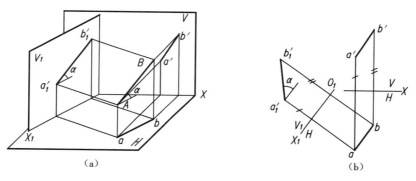

（a）　　　　　　　　　　　　　　（b）

图 3 - 4　一般位置直线变换为投影面的平行线

2. 投影面的平行线变换为投影面的垂直线

如图 3 - 5（a）所示，在 H 面、V 面两面投影体系中，AB 为一条正平线，选择一个新的投影面 H_1，使 $H_1 \perp AB$，则直线 AB 成为 H_1 面的垂直线，因此 AB 在 H_1 面的投影积聚为一点。图 3 - 5（b）为展开后的作图过程。

3. 一般位置直线变换为投影面的垂直线

如果建立一个新的投影面垂直于一条一般位置直线，其必然倾斜于旧投影体系的投影面，因此一次换面不能把一般位置直线变换为投影面的垂直线，需要进行两次换面。具体的变换过程：第一次换面首先把一般位置直线变换为投影面的平行线，如图 3 - 4 所示；第二次换面把已经变换为投影面的平行线进而变换为投影面的垂直线，如图 3 - 5 所示。

4. 一般位置平面变换为投影面的垂直面

面面垂直的几何条件是只要其中一个平面通过另一平面的任意一条垂直线即可，因此要把一般位置平面变换为投影面的垂直面，只需要把平面内的一条直线变换为投影面的垂直线即可。由前述可知，投影面的平行线可以通过一次换面变换为投影面的垂直线，而一般

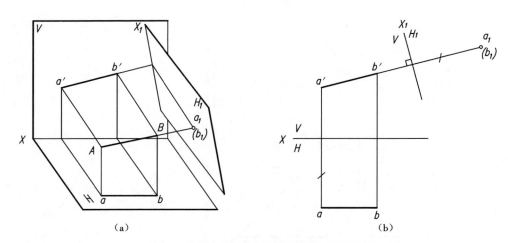

图 3 - 5　投影面的平行线变换为投影面的垂直线

位置平面内可以作出任意投影面的平行线,因此一次换面可以将一般位置平面变换为投影面的垂直面。

具体过程如图 3 - 6 所示,首先在一般位置平面内作出一条投影面的平行线(这里作了一条水平线),进而把这条投影面的平行线变换为投影面的垂直线,这样一般位置平面就在新的投影面 V_1 上积聚为一条直线,即为投影面的垂直面。同理,也可以在一般位置平面上作一条正平线,进而在 H_1 投影面上将其变换为投影面的垂直面。

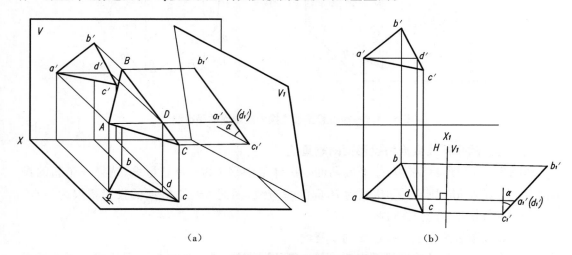

图 3 - 6　一般位置平面变换为投影面的垂直面

5. 投影面的垂直面变换为投影面的平行面

如图 3 - 7(a)所示,△ABC 为一铅垂面,建立新的投影面 V_1,使 V_1 ∥ △ABC,则 V_1 必垂直于 H 投影面,△ABC 在 V_1 面上的投影反映实形。具体作图过程如图 3 - 7(b)所示。

6. 一般位置平面变换为投影面的平行面

如果建立一个新的投影面平行于一般位置平面,其必然倾斜于旧投影面,不符合新投影面的建立条件,因此一次换面不可能把一般位置平面变换为投影面的平行面。

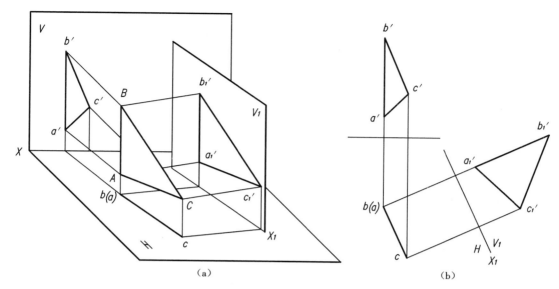

图 3－7 投影面的垂直面变换为投影面的平行面

具体的变换过程:首先一次换面将一般位置平面变换为投影面的垂直面,如图 3－6 所示;其次第二次换面再将投影面的垂直面变换为投影面的平行面,如图 3－7 所示。

3.1.3 换面法的应用

下面通过几个例子来了解换面法在求解问题中的应用,主要考虑的是如何建立新的投影面使几何要素处于解题有利的位置。

例 3.1 求交错两直线的公垂线 *MN*,如图 3－8(a)所示。

解题分析

公垂线是与两条交错直线既垂直又相交的直线,题中给出的交错直线 *AB* 和 *CD* 都是一般位置直线,投影不反映空间的垂直关系,空间概念难以想象,当把其中一条直线变换为特殊位置直线(此处变换为投影面的垂直线),则公垂线必为投影面的平行线,进而问题得以求解。

作图过程

作图过程如图 3－8(b)所示,结果如图 3－8(c)所示。

注:由二次换面返回时,$m_1'n_1'$平行于 OX_2 轴。

例 3.2 过点 *A* 作直线与直线 *BC* 相交成 60°。

解题分析

两直线相交构成一个平面,只有当该平面为投影面的平行面时,在所平行的投影面上的投影才能够反映夹角的真实大小。因此,本题的关键点就是将直线 *BC* 和直线外一点 *A* 所构成的平面变换为投影面的平行面,然后在反映实形的投影中将需求解的点返回即可。

作图过程

如图 3－9 所示。

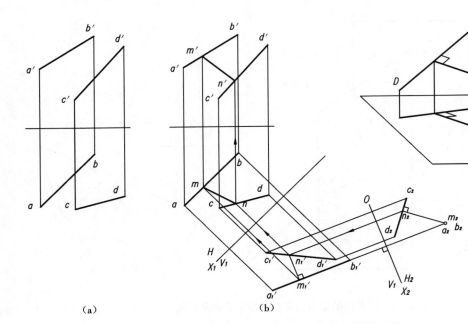

图 3 - 8　求直线 *AB* 和 *CD* 的公垂线 *MN*

(a)　　　　　　　(b)　　　　　　　(c)

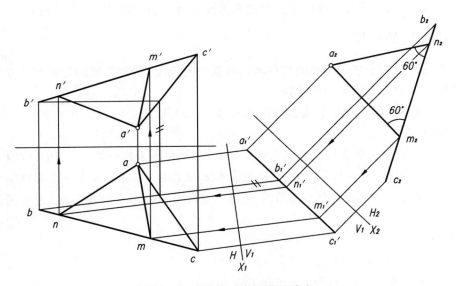

图 3 - 9　换面法求解两直线夹角

3.2　旋转法

旋转法改变的是空间几何元素相对于投影面的相对位置,*V* 面、*H* 面投影体系保持不变,把几何元素绕一固定的轴旋转。作为旋转轴的直线通常选择投影面的垂直线或者平行线,因此旋转法又可分为垂轴旋转法和平轴旋转法。

3.2.1　垂轴旋转法

1. 基本原理

如图 3 – 10(a)所示,空间点 A 绕铅垂轴 O_1 旋转。其运动轨迹为一水平圆弧,H 面投影反映实形,V 面投影为一平行于 OX 轴的直线。投影作图的方法如图 3 – 10(b)所示。

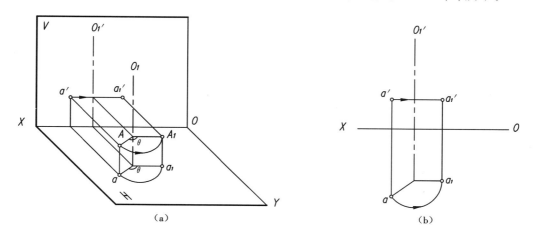

(a)　　　　　　　　　　　　　　(b)

图 3 – 10　点绕铅垂轴旋转的投影

2. 直线绕垂直轴的旋转

如图 3 – 11 所示,直线 AB 绕过点 B 的铅垂轴 O_1 旋转,当旋转到 $A_1B /\!/ V$ 投影面时,新的水平投影 $a_1b /\!/ OX$,直线在 V 面的新投影 $a_1'b'$ 反映直线 AB 的实长以及 AB 与 H 投影面的夹角。具体的投影过程如图 3 – 11(b)所示。

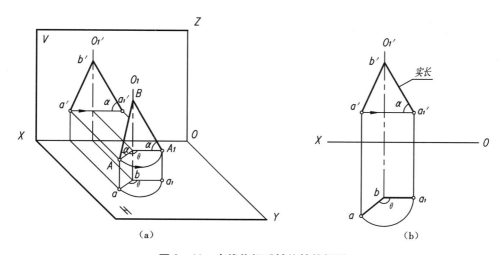

(a)　　　　　　　　　　　　　　(b)

图 3 – 11　直线绕铅垂轴旋转的投影

3.2.2　平轴旋转法

1. 基本原理

如图 3 – 12 所示,当点 A 绕水平轴 OO 旋转时,其旋转轨迹为以 O_1 为圆心,以 O_1A 为半径，且垂直于 H 面的圆周。该圆周的 H 面投影积聚为直线，与水平轴的 H 面投影交于 o_1 点；V 面投影为一椭圆，在作图时一般不需要画出。

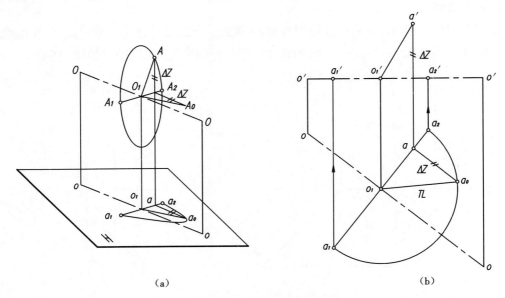

（a）　　　　　　　　　　　　　　　　（b）

图 3 – 12　点绕水平轴旋转的投影

作图过程如图 3 – 12（b）所示：

（1）在 H 投影面过 a 作 oo 的垂线，交于 o_1 点，进而可以求出 o_1'，连接 a'、o_1'，则 $a'o_1'$ 和 $a\,o_1$ 即为旋转半径的两面投影；

（2）用直角三角形法求得 O_1A 的实长 TL；

（3）O_1A 旋转至平行于 H 面时，其 H 面投影反映实长，所以以 o_1 为圆心，以 o_1a_0 为半径，作圆弧交 ao_1 的延长线于 a_1，进而可由 a_1 求出 a_1'，a_1 即为旋转后 A 点的新投影。

2. 一般位置平面绕水平轴旋转

如图 3 – 13 所示，$\triangle ABC$ 为一般位置平面，使其绕水平轴旋转，当旋转至与 H 面平行时，其在 H 面的投影反映实形。具体过程如下：

（1）在 $\triangle ABC$ 内取水平线 CD，以 CD 为旋转轴，只需求解 A、B 两点的新投影即可；

（2）求点 A 的新投影，具体求解过程与图 3 – 12 相同；

（3）求点 B 的新投影，连接 a_1、d，过 b 作直线垂直于 cd（即旋转轴的 H 面投影），延长后与 a_1d 延长线的交点即为 b_1；

（4）连接 a_1、b_1、c，其反映 $\triangle ABC$ 的实形。

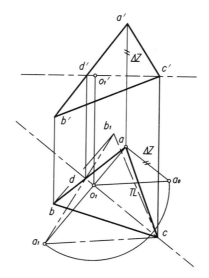

图 3 - 13　一般位置平面绕水平轴旋转求实形

第4章 平面立体的投影

由平面多边形包围而成的立体叫作平面立体。工程上最常见的平面立体为棱柱和棱锥。

4.1 平面立体的三面投影

绘制平面立体的投影需绘出平面立体的各棱面(线)的投影,不可见部分用虚线表示。当可见棱线与不可见棱线的投影重合时,用实线表示。

4.1.1 棱柱的三面投影

棱柱由多个棱面和上、下两底面组成,棱面上各条棱线互相平行。图 4-1 为一正六棱柱的三面投影图,其上、下两底面平行于 H 面,水平投影反映实形,正面投影和侧面投影积聚为一直线;侧棱面均为铅垂面,水平投影积聚为直线,正面投影和侧面投影为相仿形。

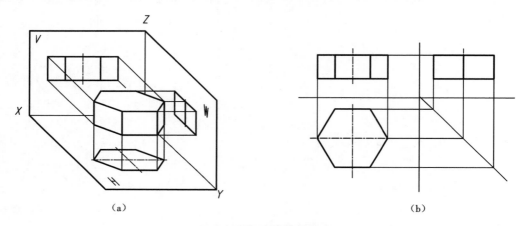

（a）　　　　　　　　　　　　（b）

图 4-1　正六棱柱的投影

4.1.2 棱锥的三面投影

棱锥由几个棱面和一个底面组成,棱面上各条棱线交于一点,称为锥顶。图 4-2 为三棱锥的三面投影图,其底面为水平面,水平投影反映实形;SAB、SBC、SAC 棱面为一般位置平面,其三面投影均为相仿形。

4.2 平面立体表面取点

在平面立体表面取点的方法与在平面上取点的方法相同。值得注意的是,位于立体可见表面上的点可见,反之不可见。

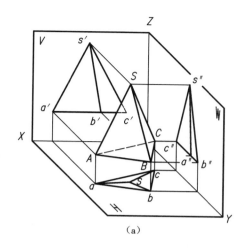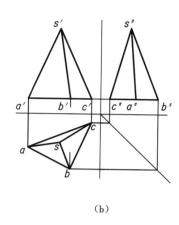

图 4 - 2　三棱锥的投影

4.2.1　棱柱表面取点

在棱柱表面上取点时,应先求出点在积聚棱面上的投影,再求出点的第三面投影。

例 4.1　已知三棱柱表面上点 K 的正面投影 k' ,求作该点的其他投影 k 及 k'' ,如图 4 - 3（a）所示。

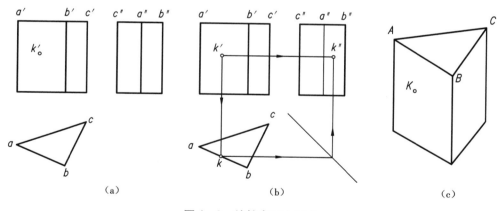

图 4 - 3　棱柱表面上取点

解题分析及作图过程

棱柱的各侧棱面的水平投影有积聚性,所以应先求 k ,由于 k' 为可见,所以点 K 在 AB 棱面上,水平投影 k 落在 AB 棱面的积聚性投影上,根据点的三面投影规律又可求得 k'' ,因为 AB 棱面的侧面投影可见,故 k'' 应为可见。作图过程如图 4 - 3(b)所示。

4.2.2　棱锥表面取点

在棱锥表面上取点应先取线,取线时一般将该点与锥顶相连,或过点作棱锥底面多边形某一边的平行线。

例 4.2　已知棱锥表面上点 M 的正面投影 m' ,求作该点的其他投影 m 及 m'' ,如图 4 - 4

（a）所示。

解题分析及作图过程

因为 m' 为可见,故 M 点在 SAB 棱面上。将 M 点与锥顶相连,连接 s'、m' 并延长交 $a'b'$ 于 e',在棱锥的 H 面投影上求得 se,在其上定出 M 点的水平投影 m,再根据点的三面投影规律可求得 m'',因为 SAB 棱面的水平投影和侧面投影均为可见,故 m、m'' 为可见。作图过程如图 4 – 4(b)所示。

该题也可过 M 点作平行于棱锥底面三角形 AB 边的辅助线,过 m' 作水平线分别交 $s'a'$、$s'b'$ 于 $2'$、$3'$,在棱锥的 H 面投影上求得 23,在其上定出 M 点的水平投影 m,之后与上面解法相同,求得 m'' 并判断可见性。作图过程如图 4 – 4(c)所示。

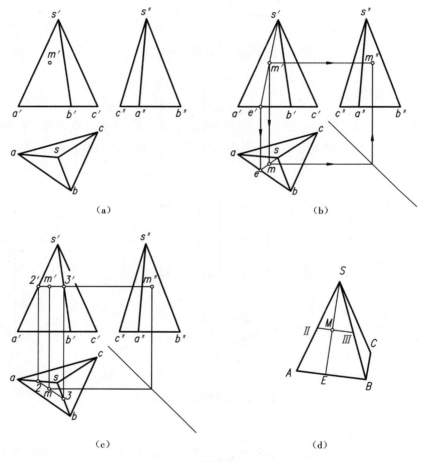

（a）　　　　　　　（b）

（c）　　　　　　　（d）

图 4 – 4　棱锥表面上取点

4.3　平面立体的截切

立体被平面截切称为截切立体。截切立体中,平面与立体表面的交线称为截交线,该平面称为截平面,如图 4 – 5 所示。截交线是截平面与立体的公共线,由于立体表面是封闭的,因此截交线是一个封闭的平面图形。截交线的形状取决于立体表面的形状以及截平面与立体的相对位置。

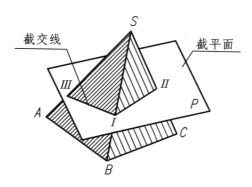

图 4 - 5　截切立体的截交线和截平面

平面立体截切的截交线是一个平面多边形,此多边形的各顶点是平面立体的各棱线与截平面的交点,每条边是平面立体的棱面与截平面的交线,如图 4 - 5 所示。因此,求平面立体截交线的步骤如下:

(1)求立体各棱线与截平面的交点;

(2)将各点依次相连,注意位于同一棱面上的点方可相连;

(3)判断截交线的可见性,注意位于可见棱面上的截交线可见,反之为不可见。

例 4.3　求作三棱锥 $S\text{-}ABC$ 被正垂面 P 截切后的水平投影,如图 4 - 6(a)所示。

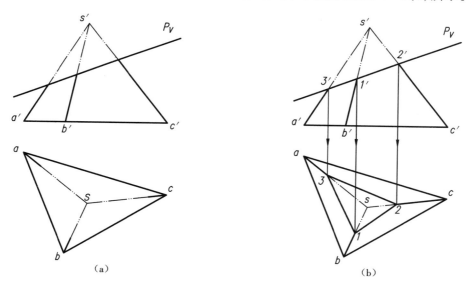

（a）　　　　　　　　　　（b）

图 4 - 6　三棱锥被正垂面截切

解题分析及作图过程

截交线是截平面与立体的公共线,因此截交线的正面投影与正垂面 P 的积聚性投影重合。SB、SC、SA 棱线与 P 平面交点的正面投影分别为 $1'$、$2'$、$3'$,由 $1'$、$2'$、$3'$ 在 sb、sc、sa 上定出水平投影 1、2、3 点,依次连接 1、2、3 即为截交线的水平投影。因截交线均在三棱锥的侧棱面上,所以其水平投影均为可见。作图过程如图 4 - 6(b)所示。

例4.4　求作五棱柱被正垂面 P 截切后的水平投影和侧面投影,如图 4 −7(a)所示。

解题分析

从图 4 −7(a)中可以看出,五棱柱的棱线为铅垂线,五个棱面中除后棱面是正平面外,其余四个棱面均为铅垂面,上、下底面是水平面。截平面 P 与 A、B、E 棱线及上底面的两条边相交,即截切到上底面和四个棱面,因此截交线的形状是平面五边形。

因截平面是正垂面,截交线在 P 面上,其正面投影应与 P_V 重合。AB、AE 棱面及 BC、DE 的部分棱面被截切,截交线的水平投影应与它们的积聚性投影重合。上底面与截平面 P 同时垂直于 V 面,其交线应是正垂线。

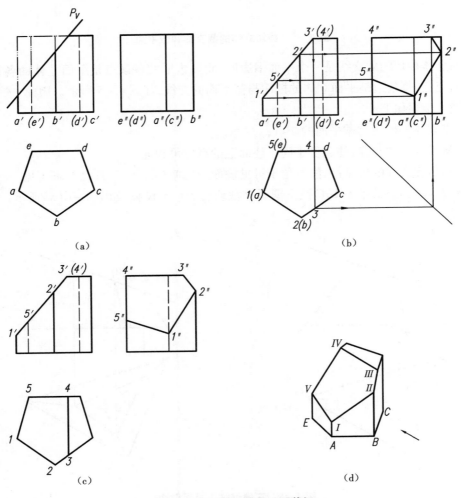

图 4 −7　五棱柱被正垂面截切

作图过程

如图 4 −7(b)所示:

(1)求 A、B、E 棱线与平面 P 的交点 Ⅰ、Ⅱ、Ⅴ,它们的正面投影及水平投影均可直接作出,侧面投影可由正面投影向右作投影连接,在相应棱线的投影上即可得到;

(2)求上底面与平面 P 的交线——正垂线ⅢⅣ;

（3）依次连接 1″、2″、3″、4″、5″、1″，即得到截交线的侧面投影（注意 3″4″与上底面的积聚性投影重合，4″5″与 DE 棱面的积聚性投影重合），截交线的侧面投影与水平投影是相仿图形；

（4）区分可见性，检查、整理图线，截交线的水平投影和侧面投影均可见，用粗实线画出，棱柱右侧 C 棱线的侧面投影不可见，其下部与左侧 A 棱线重合，重合部分用粗实线画出，其余部分用虚线表示。

结果投影图如图 4-7（c）所示。图 4-7（d）是五棱柱被正垂面截切后的立体示意图。

例 4.5　求作四棱锥被截切后的水平投影和侧面投影，如图 4-8（a）所示。

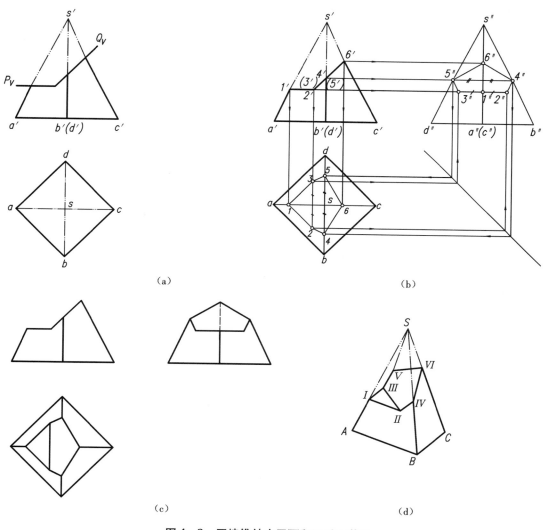

图 4-8　四棱锥被水平面和正垂面截切

解题分析

从图 4-8（a）中可以看出，四棱锥是被水平面 P 和正垂面 Q 截切。水平面 P 与 SA 棱相交且平行于底面，截交线应与 SAB、SAD 棱面的底边平行。正垂面 Q 与其他三条棱线相交，且与水平面 P 相交于一正垂线。截交线的正面投影与 P_V、Q_V 重合。

作图过程

如图 4 – 8(b) 所示：

(1) 画出四棱锥的侧面投影 (注意 $s''b''d''$ 为等腰三角形, $b''d'' = bd$)；

(2) 确定 SA 棱与 P 面交点 I 的三个投影, 并作 $12 /\!/ ab$、$13 /\!/ ad$, 得到 P 面与棱锥截交线的水平投影 213, 其侧面投影 $2''1''3'' /\!/ H$ 面, 且 $2''3'' = 23$；

(3) 求出 SB、SD、SC 棱与 Q 面的交点 IV、V、VI 的侧面投影与水平投影 (注意 $45 = 4''5''$), 顺次连接 II、IV、VI、V、III 的同面投影, 即得 Q 面与棱锥的截交线；

(4) 作出 P、Q 两平面的交线 II III；

(5) 区分可见性, 检查、整理图线, 因切口在左上部, 所以其水平投影和侧面投影均可见, 用粗实线画出, 棱锥右侧棱线 SC 在侧面投影中不可见, 其下部与左侧棱线 IA 重合, 重合部分用粗实线画出, 其余部分用虚线表示。

结果投影图如图 4 – 8(c) 所示。图 4 – 8(d) 是四棱锥被水平面和正垂面截切后的立体示意图。

4.4　平面立体的相贯

4.4.1　直线与平面立体相交

直线与立体相交, 其交点称为贯穿点。因为立体是封闭的几何图形, 当一直线与立体相交时, 则有穿入点和穿出点；相切时, 则只有一个切点。

当平面立体表面的投影有积聚性时, 可利用其积聚性直接求得贯穿点, 如图 4 – 9(a) 所示；当直线为投影面的垂直线时, 贯穿点的一面投影和直线的积聚性投影重合, 另一面投影可根据在立体表面取点的方法求得, 如图 4 – 9(b) 所示。

直线穿入立体内部的一段线不必画虚线。位于贯穿点以外的直线段的可见性, 可由贯穿点在立体表面上的可见性而定。

当平面立体或直线的投影没有积聚性时, 求贯穿点的方法与求直线与平面交点的方法相同：包括直线作辅助平面, 求辅助平面与平面立体的截交线, 再求截交线与直线的交点, 即为贯穿点, 如图 4 – 10 所示。注意, 选择辅助平面时, 应使所得截交线的形状尽量简单。

例 4.6　求直线 AB 与三棱锥的贯穿点, 并判断 AB 的可见性, 如图 4 – 11(a) 所示。

解分析及作图过程

如图 4 – 11(b) 所示, 过 AB 直线作正垂面 P, 该面与三棱锥的截交线的水平投影为三角形 123, 三角形 123 与 ab 的交点 m、n 即为穿入、穿出点的水平投影, 由 m、n 在 $a'b'$ 上定出 m'、n'。

由于 M 点在 SCD 棱面上, 它的水平投影 m 和正面投影 m' 均为可见, 故 am 和 $a'm'$ 均为实线。由于 N 点在 SCE 棱面上, n 为可见, bn 为实线；而 n' 为不可见, $b'n'$ 被三棱锥遮挡部分画成虚线, 穿入、穿出点之间不画线。

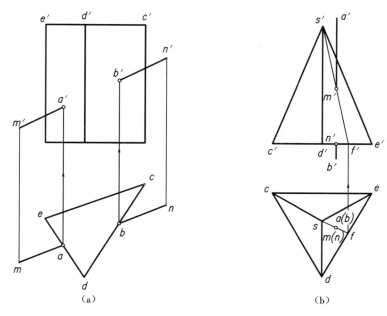

图 4 – 9　直线或立体有积聚性时,直线与立体的贯穿点

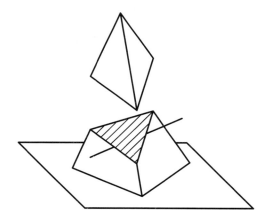

图 4 – 10　直线与立体没有积聚性时,直线与立体贯穿点的作图分析

4.4.2　两平面立体相贯

　　两立体相交也称两立体相贯,其表面交线称为相贯线。

　　两平面立体的相对位置影响相贯线的形状。一般情况下,两平面立体相贯的相贯线为由直线段组成的空间折线多边形,如图 4 – 12(a)所示。特殊情况下,当一个平面立体的几个棱面只穿过另一立体的同一棱面时,相贯线为平面折线多边形,如图 4 – 12(b)所示。

　　两平面立体相贯线的每一条折线,是两平面立体某两棱面间的交线,各个折点是一个立体的棱线与另一个立体的贯穿点。因此,求作两平面立体相贯线的方法有两种:

　　(1)求甲、乙两立体相应棱面间的交线;

　　(2)求甲立体各棱线与乙立体的贯穿点和乙立体各棱线与甲立体的贯穿点(相贯线多

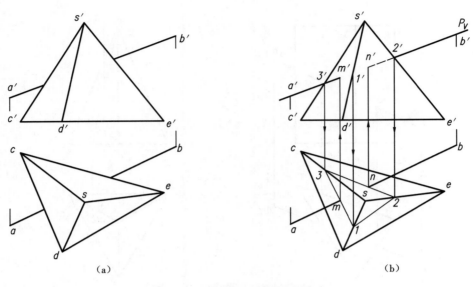

图 4 – 11　直线与三棱锥的贯穿点

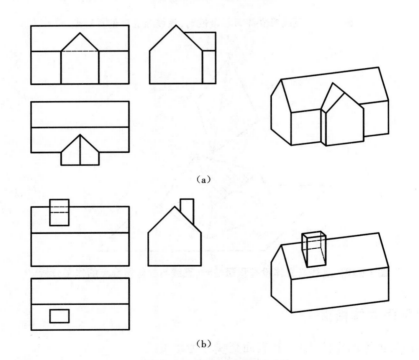

图 4 – 12　两平面立体相贯

边形的顶点),将贯穿点依次相连。

作相贯线时应注意以下三点:

(1)相贯线的连接,要注意只有位于甲立体的一个棱面上而又同时位于乙立体的同一棱面上的两点才可相连;

(2)相贯线可见性的判别,必须是产生相贯线段的两立体表面的同面投影同时可见时,该相贯线段的投影才可见,用实线表示,但只要有一个面的同面投影为不可见时,该相贯线

段的投影为不可见,用虚线表示;

(3)在求出相贯线后,还要注意两立体投影重叠处,凡参加相交棱线或素线(轮廓线)的投影,都要连接到贯穿点处,并判别可见性。

例4.7　求作垂直于正立面的四棱柱与三棱锥的相贯线,如图4-13(a)所示。

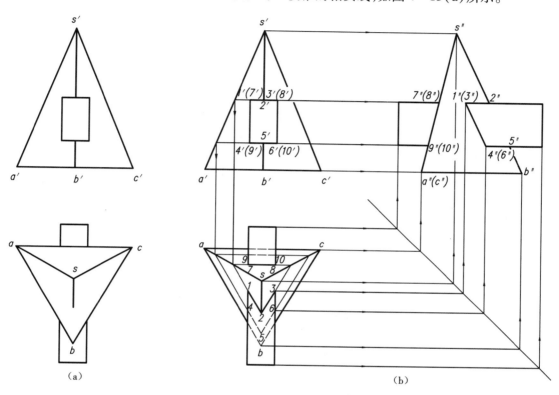

图 4 - 13　四棱柱与三棱锥的相贯线

解题分析

从图 4-13(a)中可以看出,四棱柱全部贯穿三棱锥,所得相贯线为两组封闭折线。由于四棱柱的正面投影有积聚性,所以相贯线的正面投影必定积聚在四棱柱的正面投影上。这样,相贯线的三个投影中只需求其水平投影和侧面投影。

作图过程

如图 4-13(b)所示。

(1)在正面投影上,利用积聚性确定十个折点的正面投影 1′(7′)、3′(8′)、4′(9′)、6′(10′)、2′、5′。

(2)在三棱锥表面上取点,Ⅱ、Ⅴ在棱线 SB 上,可直接得出两点的侧面投影 2″、5″,再根据点的三面投影规律可求得这两点的水平投影 2、5;Ⅶ、Ⅷ、Ⅸ、Ⅹ在棱面 SAC 上,棱面 SAC 为侧垂面,侧面投影积聚,因此Ⅶ、Ⅷ、Ⅸ、Ⅹ的侧面投影必在 SAC 的侧面投影上,即 7″(8″)、9″(10″),再根据点的三面投影规律可求得这四点的水平投影 7、8、9、10;Ⅰ、Ⅳ在棱面 SAB 上,Ⅲ、Ⅵ在棱面 SBC 上,没有积聚性,应通过作辅助线求解,过以上四点分别作底边的平行线,再画出辅助线的水平投影,在其上定出四点的水平投影 1、4、3、6,再根据点的三面投影规律可求得这四点的侧面投影 1″(3″)、4″(6″)。

（3）顺序连接各折点得相贯线（注意相贯线为两组）。

（4）判断可见性，正面投影和侧面投影可见部分和不可见部分虚、实重合，用实线表示，水平投影 910、456 为不可见，用虚线表示，同时三棱锥底边被四棱柱遮挡的部分也应用虚线表示。

例 4.8　求作两个三棱柱的相贯线，如图 4－14(a)所示。

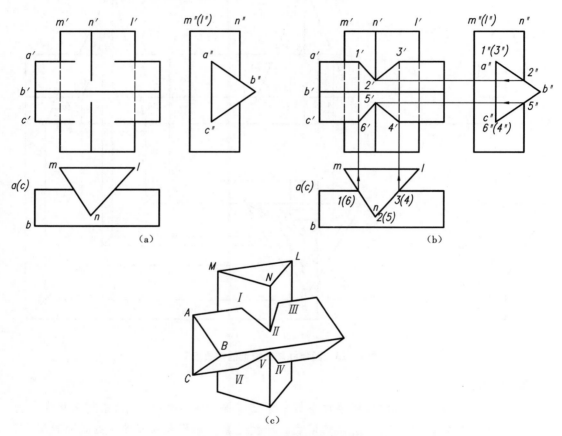

图 4－14　两个三棱柱的相贯线

解题分析

从图 4－14(a)中可以看出，两个三棱柱是相互部分贯穿，相贯线是一组空间折线。由于直立三棱柱的水平投影有积聚性，所以相贯线的水平投影必定积聚在直立三棱柱的水平投影上。同样，侧垂三棱柱的侧面投影有积聚性，所以相贯线的侧面投影必定积聚在侧垂三棱柱的侧面投影上。这样，相贯线的三个投影中只需求其正面投影。

从图 4－14(a)中还可以看出，直立三棱柱只有 N 棱线与侧垂三棱柱相交，侧垂三棱柱的 A 与 C 两条棱线与直立三棱柱相交。每条棱线有两个交点，这六个交点即是所求相贯线上的六个折点。求出这些交点，顺序相连即是相贯线。

作图过程

如图 4－14(b)所示：

（1）在水平投影和侧面投影上，利用积聚性确定六个折点的投影 1（6）、2（5）、3（4）和 1″（3″）、2″、5″、6″（4″）；

（2）由 2″、5″ 向左作投影连线交 N 棱线得 2′、5′，由 1（6）、3（4）向上作投影连线分别交 A、C 棱线得 1′、6′、3′、4′；

（3）顺序相连得相贯线，并判断可见性，1′6′、3′4′ 为不可见，用虚线表示。

4.4.3　同坡屋顶

如同一屋顶上各个坡面与水平面的倾角都相等，称为同坡屋顶。

绘制同坡屋顶各屋面的交线，实质上是求两平面交线的作图问题。当同坡屋顶各屋檐的高度相等时（即所有屋檐在同一水平面上），可应用以下规则在水平投影上求脊棱（分平脊、斜脊或斜沟）的投影，如图 4-15 所示。

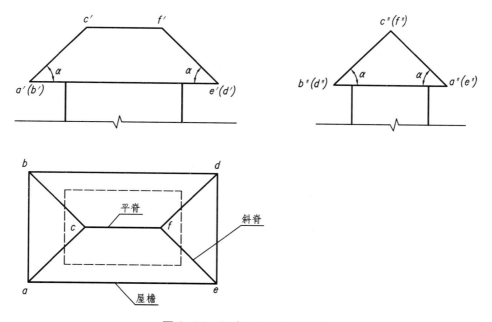

图 4-15　同坡屋顶的投影特性

（1）两屋面的屋檐平行，两屋面交线为平脊（即屋脊）。屋脊线的 H 面投影，必平行于檐口的 H 面投影，且与两檐口线等距。如图 4-15 所示，平脊 cf 平行于 ae 和 bd。

（2）两屋面的屋檐相交，两屋面交线为斜脊（或斜沟）。斜脊的水平投影必为这两屋檐夹角的平分线。如图 4-15 所示，斜脊 ef 必为屋檐夹角 aed 的角平分线。

（3）在屋顶上，假如两条脊棱已相交于一点，则过该点必然且至少还有第三条脊棱。如图 4-15 所示，过 f 点有三条脊棱 fc、fd 和 fe。

例 4.9　已知同坡屋顶水平投影的周界和屋面的坡角，求作各脊棱的投影，如图 4-16（a）所示。

作图过程

（1）将屋面的水平投影划分为两个矩形 abcd 和 agfe，如图 4-16（b）所示。

（2）作各矩形顶角的角平分线以及凹角 chf 的角平分线（即斜沟），如图 4-16（c）所示。

（3）由于各屋面为正垂面或侧垂面，利用它们的投影特点，由三面投影规律即可求得屋顶的正面投影和侧面投影，将图线进行整理后得图 4 – 16(d)。

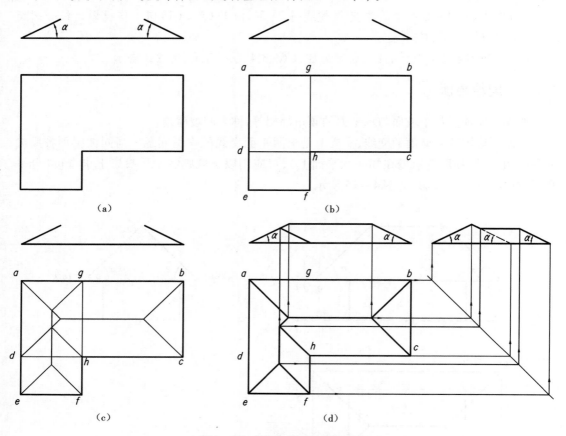

图 4 – 16　同坡屋面的三面投影

第5章 曲面立体的投影

5.1 曲线

5.1.1 曲线的分类

1.规则曲线与非规则曲线

图5-1为常见的一些曲线,其中可以通过函数解析式精确表达的曲线称为规则曲线,如圆周线、正弦曲线和圆柱螺旋线,如图5-1(a)、(b)和(c)所示;不能通过函数解析式精确表达的曲线称为非规则曲线,如地形图中的等高线,如图5-1(d)所示。

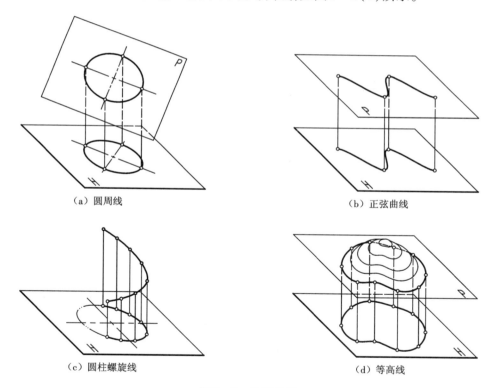

（a）圆周线　　　　　　　　　　　　　　（b）正弦曲线

（c）圆柱螺旋线　　　　　　　　　　　（d）等高线

图5-1　曲线分类

2.平面曲线与空间曲线

如果曲线在平面上,称为平面曲线,如圆周线、正弦曲线和等高线,如图5-1(a)、(b)和(d)所示;否则称为空间曲线,如圆柱螺旋线,如图5-1(c)所示。

5.1.2　曲线的投影特征

（1）曲线的投影是曲线上所有点投影的集合，如果一点在曲线上，则点的投影一定在曲线的同面投影上。如图 5－2 所示，A 点在曲线 S 上，则 A 点的正面投影 a' 在曲线的正面投影 s' 上，水平投影 a 在曲线的水平投影 s 上。

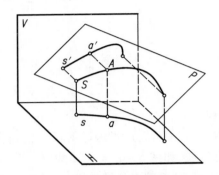

图 5－2　曲线的投影特征之一

（2）曲线的投影一般仍为曲线，且不反映实形。但是对于平面曲线，当曲线所在平面与投影面平行时，则该投影面中的投影反映实形；当曲线所在平面与投影面垂直时，则该投影面的投影变为直线。如图 5－3 所示，圆周所在的平面 P 与正投影面平行，与水平投影面垂直，因此该圆周的正面投影反映实形，水平投影则积聚为一条直线。

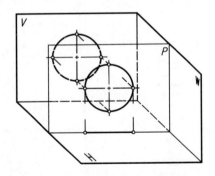

图 5－3　曲线的投影特征之二

5.1.3　曲线的投影表达

1. 圆周

投影的目的是为了准确表达投影对象的几何特征，对于圆周最好的放置位置是使圆周所在平面与某一投影面平行，这样可以使投影反映实形。

图 5－4 为一水平圆周（圆周所在平面为水平面）的两面投影，其中水平投影反映圆周实形，水平投影中圆心 o 点为空间圆周圆心 O 点的水平投影。由于该圆周平行于水平投影面，必垂直于正投影面，因此其正面投影积聚为一段直线，长度等于圆周直径，且平行于 OX 轴。

与水平圆周相类似，圆周还可以放置为正平和侧平位置，其投影图的形成原理与水平圆周相同,读者可自行尝试画出。

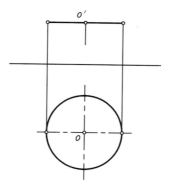

图 5－4　圆周的投影

2. 圆柱螺旋线

一点在圆柱面上做匀速圆周运动,同时沿圆柱轴线方向做匀速直线运动所产生的空间轨迹,称为圆柱螺旋线。所依附的圆柱面称为螺旋线的导圆柱,导圆柱的半径称为螺旋线的半径,导圆柱的轴线称为螺旋线的轴线。该点旋转一周,沿导圆柱轴线方向所移动的距离称为螺旋线的导程。翘起拇指,以拇指所指方向表示点的轴向移动方向,其余微握拳的四指所指方向表示点的旋转方向。如果点的运动轨迹满足右手情况,则称该螺旋线为右螺旋线;如果满足左手情况,则称为左螺旋线,如图 5－5 所示。

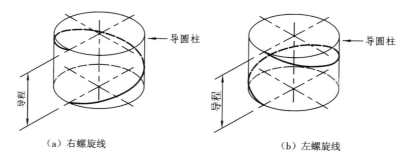

（a）右螺旋线　　　　　　　　　　　　　　（b）左螺旋线

图 5－5　圆柱螺旋线

例 5.1　已知某右螺旋线的半径为 10,导程为 24,试完成其旋转一周的两面投影图。

作图过程

（1）设螺旋线轴线垂直于水平面,则螺旋线的水平投影为半径为 10 的圆,正面投影在宽 20、高 24 的矩形内,如图 5－6(a)所示。

（2）将水平投影的圆周任意等分(在此分为十二份),并选定起点,逆时针顺序编号。正面投影矩形框沿高度方向作相同等分,如图 5－6(b)所示。

（3）由水平投影圆周上的各分点向上引投影线,与正面投影矩形框中的相应水平等分线相交,由此确定各分点的正面投影,并标记编号。顺序连接各等分点的正面投影,形成光滑曲线,即得螺旋线的正面投影,如图 5－6(c)所示。

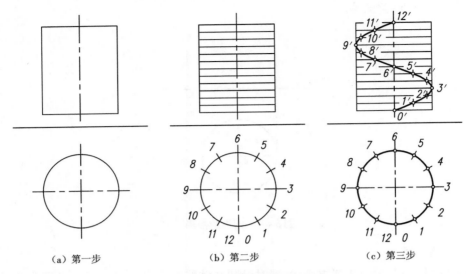

（a）第一步　　　　　　（b）第二步　　　　　　（c）第三步

图5-6　圆柱螺旋线的投影

5.2　曲面

5.2.1　曲面的分类

1.回转面与非回转面

曲面按是否存在回转轴可分为回转面和非回转面。

由直线或曲线绕空间某一固定直线旋转而形成的曲面称为回转面,固定的直线称为回转轴,旋转的直线或曲线称为母线,母线旋转过程中的任一位置称为素线,母线只有一条,素线有无数条,母线上任一点随母线旋转一周形成的圆称为纬圆,如图5-7所示。

图5-7(a)是由直线绕与其平行的轴线旋转而形成的曲面,称为圆柱面;图5-7(b)是由直线绕与其相交的轴线旋转而形成的曲面,称为圆锥面。图5-8(a)是由半圆周绕过其圆心的面内轴线旋转而形成的曲面,称为圆球面;图5-8(b)是由圆周绕不过其圆心的面内轴线旋转而形成的曲面,称为圆环面。

图5-9所示曲线称为单叶回旋双曲面,它既可以看作是由直线绕与其异面的轴线旋转而形成的曲面,如图5-9(a)所示;也可以看作是由双曲线中的一支绕其平面内的轴线旋转而形成的曲面,如图5-9(b)所示。

圆柱、圆锥、圆球、圆环和单叶回旋双曲面均存在回转轴,属于回转面。

2.直纹曲面与非直纹曲面

曲面按其上是否存在一组直线可分为直纹曲面和非直纹曲面。

圆柱、圆锥和单叶回旋双曲面虽然是曲面,但是面内存在一组直素线,属于直纹曲面;而圆球和圆环面内不存在一组直素线,属于非直纹曲面。

直纹曲面是直母线按某种规律运动的结果,除绕轴线旋转形成回转面外,还有其他各种运动形式,形成各种直纹曲面。

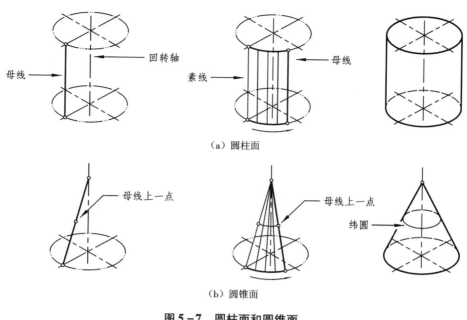

（a）圆柱面

（b）圆锥面

图 5 - 7　圆柱面和圆锥面

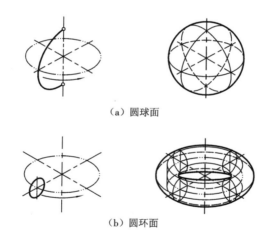

（a）圆球面

（b）圆环面

图 5 - 8　圆球面和圆环面

　　图 5 - 10（a）所示的柱面是直母线在一曲线上滑动，同时与一空间直线保持平行运动的结果，其中控制母线运动的曲线和直线称为导线。图 5 - 10（b）所示的锥面是过空间一点的直母线沿一曲导线运动的结果。

　　图 5 - 11（a）所示的柱状面是直母线在两条曲导线上滑动，同时与一空间平面保持平行运动的结果，其中控制母线运动的平面称为导平面。图 5 - 11（b）所示的锥状面是柱状面中的一条曲导线退化成直导线形成的。

　　图 5 - 12 所示的双曲抛物面又称为扭面，是直母线在两条异面的直导线上滑动，同时与一导平面保持平行运动的结果。

　　图 5 - 13 所示的正螺旋面是直母线绕与其相交垂直的直导线匀速旋转，同时沿该直导线匀速运动的结果，母线外端点的运动轨迹为圆柱螺旋线。

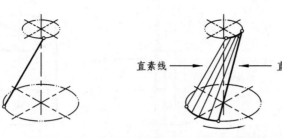

直素线 → ← 直母线

（a）直线绕与其异面的轴线旋转形成单叶回旋双曲面

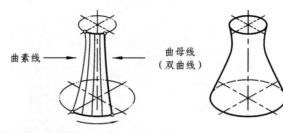

曲素线 → ← 曲母线
（双曲线）

（b）双曲线绕其面内的轴线旋转形成单叶回旋双曲面

图 5-9 单叶回旋双曲面

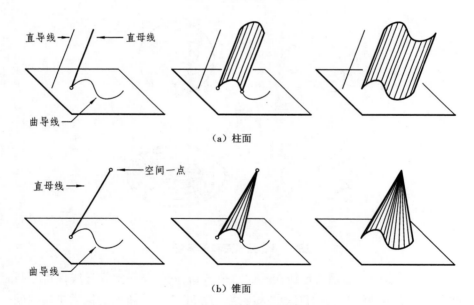

直导线 → ← 直母线

曲导线

（a）柱面

空间一点

直母线 →

曲导线

（b）锥面

图 5-10 柱面和锥面

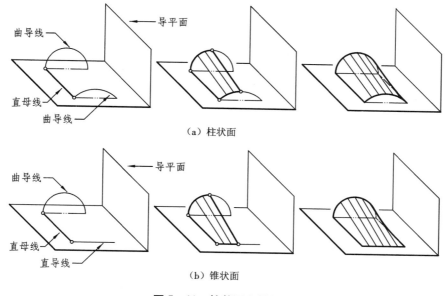

（a）柱状面

（b）锥状面

图 5 – 11　柱状面和锥状面

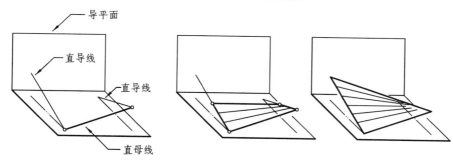

图 5 – 12　双曲抛物面

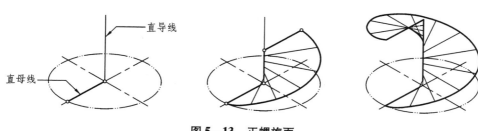

图 5 – 13　正螺旋面

5.2.2　曲面的投影表达

1. 圆环

例 5.2　已知形成 1/4 圆环的母线和回转轴的两面投影，如图 5 – 14（a）所示，试完成 1/4 圆环的两面投影图。

作图过程

（1）作 1/4 圆环的水平投影：以回转轴水平投影 o 为圆心，分别过 1 点和 2 点作 1/4 圆周，连接 5 点和 6 点，如图 5 – 14（b）所示。

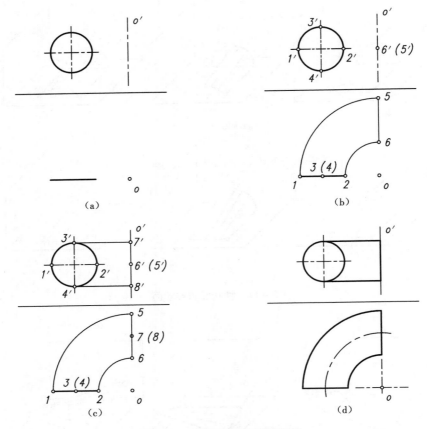

图 5 - 14　作 1/4 圆环两面投影

（2）作 1/4 圆环的正面投影：分别过 3′点和 4′点作水平线，与回转轴相交，交点为 7′点和 8′点，连接 7′点和 8′点，如图 5 - 14（c）所示。

（3）整理图线：加工整理图线，并用单点长画线表示 1/4 圆环的轴线，如图 5 - 14（d）所示。

2. 单叶双曲回转面

例 5.3　已知形成单叶双曲回转面的母线和回转轴的两面投影如图 5 - 15（a）所示，试完成单叶双曲回转面的两面投影图。

作图过程

（1）1 点和 2 点分别为母线的上、下端点，在绕回转轴旋转时形成单叶双曲回转面的顶圆和底圆。分别作出顶圆和底圆的两面投影，将顶圆和底圆的水平投影十二等分，并求出分点的正面投影，如图 5 - 15（b）所示。

（2）以母线为基准，依次将顶圆和底圆各分点配对相连，形成一组素线的两面投影，如图 5 - 15（c）所示。

（3）加工整理顶圆和底圆的两面投影，并在水平投影内添加最小的内包络圆，称为喉圆，在正面投影内添加左右两侧的双曲包络线。加工整理素线，注意判断可见性，结果如图 5 - 15（d）所示。

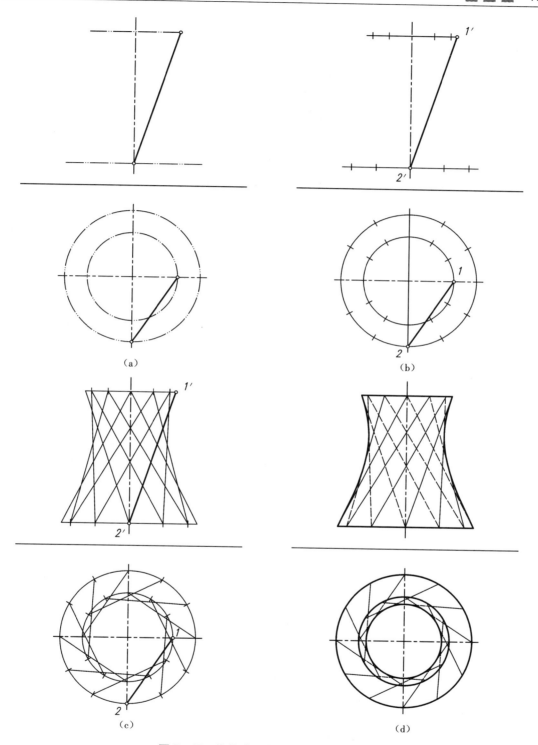

图 5 - 15 作单叶双曲回转面的两面投影

3. 柱状面

例 5.4 已知柱状面曲导线的两面投影如图 5 - 16(a)所示,试完成以正投影面为导平面的柱状面的两面投影图。

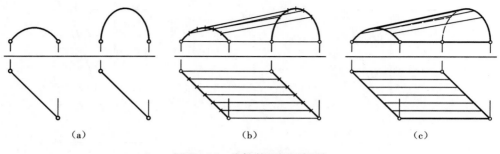

图 5 – 16　作柱状面两面投影

作图过程

（1）分别六等分柱状面两条曲导线的水平投影，并求出各分点的正面投影。在水平投影和正面投影中，将两条曲导线上的分点对应连接，使其成为柱状面上的一组正平素线，如图 5 – 16(b)所示。

（2）在正面投影中作两条曲导线的公切线，形成柱状面的轮廓线，并加工整理其他轮廓线和素线，注意判断可见性，结果如图 5 – 16(c)所示。

4. 双曲抛物面

例 5.5　已知双曲抛物面直导线的两面投影如图 5 – 17(a)所示，试完成以 P 平面为导平面的双曲抛物面的两面投影图。

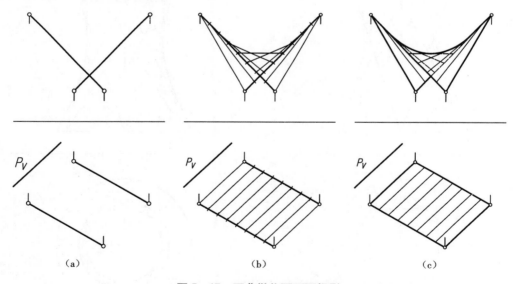

图 5 – 17　双曲抛物面两面投影

作图过程

（1）分别八等分双曲抛物面两条直导线的水平投影和正面投影。在水平投影和正面投影中，将两条直导线上的分点对应连接，使其成为双曲抛物面上的一组 P 平面的平行素线，如图 5 – 17(b)所示。

（2）在正面投影中作素线的外包络线，形成双曲抛物面的轮廓线，并加工整理其他轮廓线和素线，注意判断可见性，结果如图 5 – 17(c)所示。

用水平面 Q_V 截取图 5 – 17(c)所示的双曲抛物面,则交线为双曲线,如图 5 – 18(a)所示。用铅垂面 R_H 截取图 5 – 17(c)所示的双曲抛物面,则交线为抛物线,如图 5 – 18(b)所示。这也是双曲抛物面名称的由来。

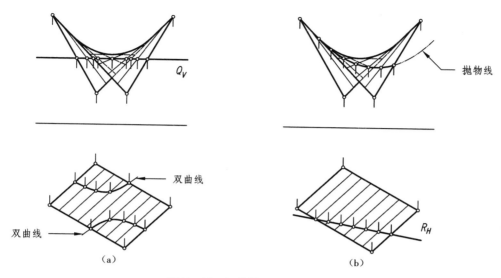

图 5 – 18 双曲抛物面名称由来

5. 正螺旋面

例 5.6 已知正螺旋面母线和导线的两面投影以及母线旋转一周所升高的距离如图 5 – 19(a)所示,试完成该正螺旋面的两面投影图。

作图过程

(1)在正螺旋面的形成过程中,母线两端点运动轨迹为圆柱螺旋线,其水平投影为两圆周,分别十二等分两圆周,同时在正面投影沿高度十二等分,并依据两圆周各分点的水平投影,作出相应的正面投影,如图 5 – 19(b)所示。

(2)连接对应分点,作出正螺旋面各素线的两面投影,如图 5 – 19(c)所示。

(3)光滑连接素线外端点和内端点,并加工整理形成正螺旋面两面投影图,如图 5 – 19(d)所示。

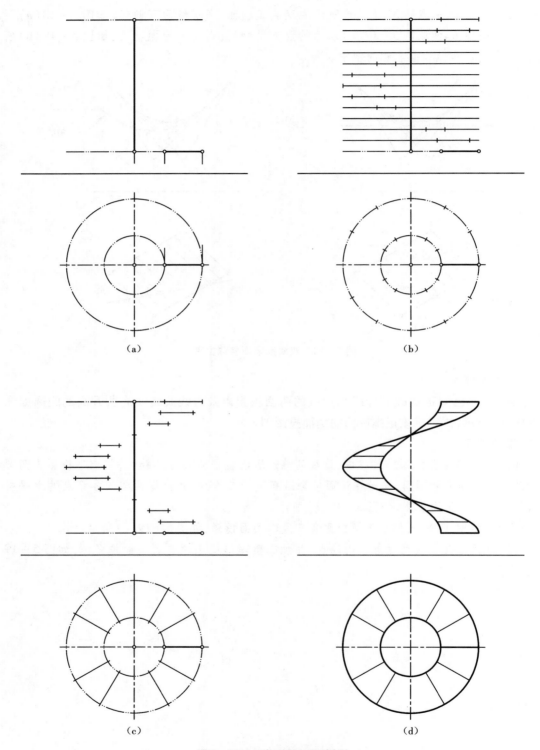

（a）　　　　　　　　　　　　（b）

（c）　　　　　　　　　　　　（d）

图 5 – 19　正螺旋面两面投影

5.3　曲面立体及投影表达

表面含有曲面的立体称为曲面立体,曲面立体的表面可以完全由曲面构成,也可以由曲面和平面共同构成。如圆球完全由圆球面构成,而圆柱的两端面为平面、侧面为圆柱面。

曲面立体形态丰富多彩,为方便研究,取圆柱、圆锥和圆球作为曲面立体的典型样例,分析曲面立体的一般投影规律。

5.3.1　圆柱的投影表达

图 5 − 20(a)为正圆柱的三面投影图,所谓正圆柱是指圆柱的顶面和底面与回转轴垂直。

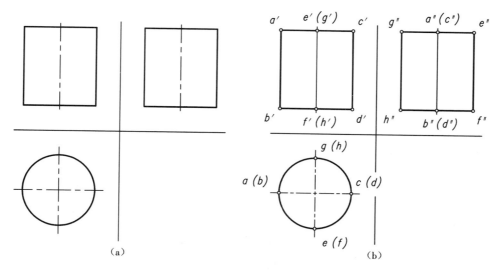

图 5 − 20　圆柱的投影表达

投影的目的是为了表达形体,在选择形体的放置方位时,应尽可能地反映形体几何特征,使投影简化。图 5 − 20(a)所示圆柱采用回转轴为铅垂位置放置,因此上、下端面为水平面,在水平投影中反映实形,在正面投影和侧面投影中积聚成直线;圆柱侧面垂直水平投影面,在水平投影中积聚成圆,在正面投影和侧面投影中表现为矩形。

需要特别指出的是,正面投影图中的 $a'b'$ 和 $c'd'$ 两条竖线是圆柱的左、右轮廓线,如图 5 − 20(b)所示,它不同于第 4 章论述平面立体时对形体投影图线的解释。在第 4 章论述平面立体时,投影图中表达形体的直线只有两种解释,即平面立体棱线的投影或立体表面的积聚。在曲面立体投影中,轮廓线有时不是形体表面真实存在的交线,而是形体曲面投影的边界。此时,它们不会在投影图中同时出现。如图 5 − 20(b)所示,正面投影图中直线 $a'b'$ 和 $c'd'$ 为圆柱的左、右轮廓线,在侧面投影图中对应的是 $a''b''$ 和 $c''d''$ 两直条素线,由于它们不是真实存在的,因此不能画出;再如侧面投影图中直线 $e''f''$ 和 $g''h''$ 为圆柱的前、后轮廓线,在正面投影图中对应的是 $e'f'$ 和 $g'h'$,基于同样理由,也不能画出。圆柱投影的正确表达应该如图 5 − 20(a)所示。

5.3.2　圆锥的投影表达

图 5 – 21(a)为正圆锥的三面投影图,所谓正圆锥是指圆锥的底面与回转轴垂直。

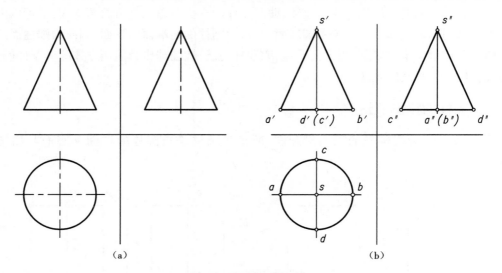

图 5 – 21　圆锥的投影表达

图 5 – 21(a)所示圆锥采用回转轴为铅垂位置放置,因此底面为水平面,在水平投影中反映实形,在正面投影和侧面投影中积聚成直线;圆锥侧面在正面投影和侧面投影中表现为三角形。

与圆柱投影相类似,正面投影图中的 $s'a'$ 和 $s'b'$ 是圆锥的左、右轮廓线,如图 5 – 21(b)所示,它们是圆锥表面的普通素线,分别对应水平投影图中的 sa 和 sb 以及侧面投影图中的 $s''a''$ 和 $s''b''$。由于它们不是圆锥表面真实的交线,因此在正面投影和侧面投影中不能画出。同理,侧面投影图中的 $s''c''$ 和 $s''d''$ 是圆锥的前、后轮廓线,如图 5 – 21(b)所示,分别对应水平投影图中的 sc 和 sd 以及正面投影图中的 $s'c'$ 和 $s'd'$,也不能直接画出。圆锥投影的正确表达应该如图 5 – 21(a)所示。

5.3.3　圆球的投影表达

图 5 – 22(a)为圆球的三面投影图。三个投影均为圆,但是它们不是同一个圆的三面投影,而是圆球在三个方向上的轮廓线。正面投影中的圆为圆球前后的轮廓线,其水平投影和侧面投影为直线;水平投影中的圆为圆球上下的轮廓线,其正面投影和侧面投影为直线;侧面投影中的圆为圆球左右的轮廓线,其水平投影和正面投影为直线。A 点和 B 点为上下轮廓线与前后轮廓线的交点,C 点和 D 点为上下轮廓线与左右轮廓线的交点,E 点和 F 点为前后轮廓线与左右轮廓线的交点,如图 5 – 22(b)所示。

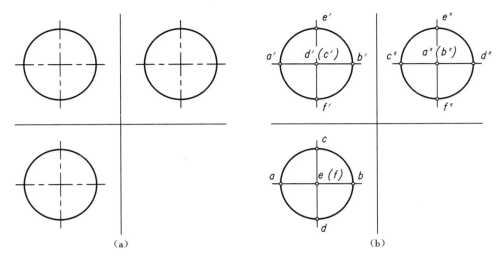

图 5 – 22　圆球的投影表达

5.4　曲面立体上点的投影

本节主要研究点与曲面立体的位置关系及投影规律,即在已知曲面立体表面上一点的一面投影条件下,如何确定该点在其他投影面上的投影问题,也被简单地称为曲面立体上定点问题。

5.4.1　圆柱体上定点

分析图 5 – 20(a)所示圆柱体可以看出,圆柱体侧面在水平投影中积聚,上、下端面在正面投影和侧面投影中积聚,因此体上定点问题相对比较简单。下面通过例题介绍求解过程。

例 5.7　已知 A 点、B 点和 C 点在圆柱体上,如图 5 – 23(a)所示,试补全 A 点、B 点和 C 点的三面投影。

解题分析及作图过程(图 5 – 23(b))

(1)求解 A 点的正面投影和侧面投影。由题目给出的水平投影可以判断 A 点在圆柱的上端面上,圆柱上端面的正面投影有积聚性,因此由 a 点向上引竖线与圆柱上端面的正面投影相交,交点即为 A 点正面投影 a';再依据 A 点的水平投影 a 和正面投影 a' 求出侧面投影 a''。

(2)求解 B 点的水平投影和侧面投影。由题目给出的正面投影可以判断 B 点在圆柱的右后 1/4 侧面上,圆柱侧面的水平投影有积聚性,因此由 b' 点向下引竖线与圆柱右后 1/4 侧面的水平投影相交,交点即为 B 点水平投影 b;再依据 B 点的水平投影 b 和正面投影 b' 求出侧面投影 b'',注意 b'' 应加括号,表示 B 点在侧面投影中不可见。

(3)求解 C 点的水平投影和正面投影。由题目给出的侧面投影可以判断 C 点在圆柱的左轮廓线上,因此由 c'' 点向左引水平线与圆柱正面投影中的左轮廓线相交,交点即为 C 点正面投影 c';C 点的水平投影 c 可直接在圆柱水平投影中标出。

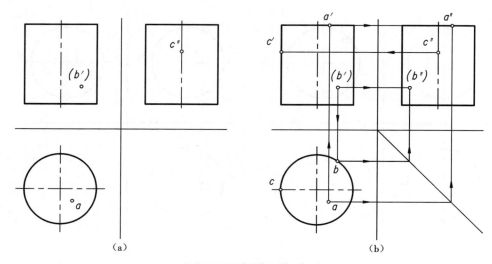

图 5 – 23　圆柱体上定点

5.4.2　圆锥体上定点

　　分析图 5 – 21(a)所示圆锥体可以看出,圆锥体底面在正面投影和侧面投影中积聚,如果点在底面上,点的投影容易确定。但是如果点在圆锥的侧面上,由于侧面在三个投影中均没有积聚性,与平面上定点一样,需要在面内通过作辅助线确定点的投影。理论上可以在曲面上作任意辅助线确定点的投影,但是为了保证求解的准确性,只有直线和圆周可以利用。利用曲面上的直素线求解体上定点问题的方法称为素线法。利用曲面上的纬圆求解体上定点问题的方法称为纬圆法。下面通过例题介绍求解过程。

　　例 5.8　已知 A 点在圆锥体上,如图 5 – 24(a)所示,试补全 A 点的三面投影。

　　解题分析及作图过程

　　解法一:素线法求解 A 点的正面投影和侧面投影

　　由题目给出的水平投影可以判断 A 点在圆锥的左前 1/4 侧面上,过 A 点作圆锥素线 SK 的水平投影 sk。依据素线 SK 的水平投影,作出其正面投影 s′k′,如图 5 – 24(b)所示。由素线的正面投影 s′k′ 确定 A 点的正面投影 a′,如图 5 – 24(c)所示。再依据 A 点的水平投影 a 和正面投影 a′ 求出侧面投影 a″,如图 5 – 24(d)所示。

　　解法二:纬圆法求解 A 点的正面投影和侧面投影

　　在水平投影中以 s 为圆心,过 a 点作圆,该圆为圆锥的纬圆,如图 5 – 25(a)所示。由纬圆的水平投影作正面投影,如图 5 – 25(b)所示。A 点在纬圆上,因此 A 点的正面投影 a′ 在纬圆的正面投影上,由此得到 A 点的正面投影 a′,如图 5 – 25(c)所示。再依据 A 点的水平投影 a 和正面投影 a′ 求出侧面投影 a″,如图 5 – 25(d)所示。

5.4.3　圆球体上定点

　　圆球面是非直纹曲面,不存在直素线。因此,圆球体上的定点问题只能利用纬圆法求解。下面通过例题介绍求解过程。

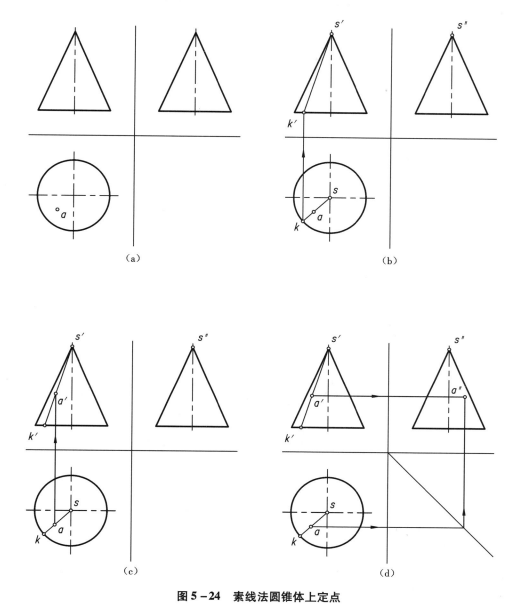

（a）　　　　　　　　　　　　　　　（b）

（c）　　　　　　　　　　　　　　　（d）

图 5 – 24　素线法圆锥体上定点

例 5.9　已知 A 点在圆球体上,如图 5 – 26(a)所示,试补全 A 点的三面投影。

解题分析及作图过程

解法一:水平纬圆法求解 A 点的正面投影和侧面投影

由题目给出的水平投影可以判断 A 点在圆球的左前上 1/8 球面上。过 A 点作水平圆,该圆为圆球的水平纬圆,由水平纬圆的水平投影作正面投影,如图 5 – 26(b)所示。A 点在水平纬圆上,因此 A 点的正面投影 a' 在水平纬圆的正面投影上,由此得到 A 点的正面投影 a',如图 5 – 26(c)所示。再依据 A 点的水平投影 a 和正面投影 a' 求出侧面投影 a'',如图 5 – 26(d)所示。

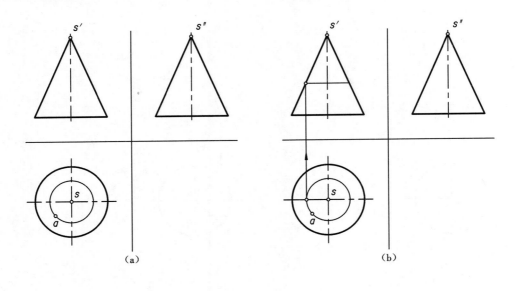

（a）　　　　　　　　　　　　　　　（b）

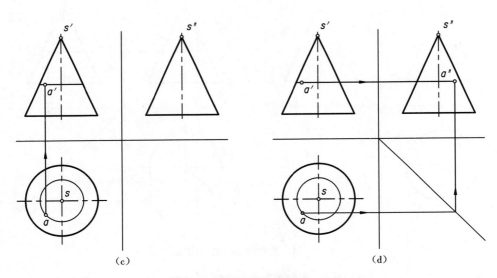

（c）　　　　　　　　　　　　　　　（d）

图 5 – 25　纬圆法圆锥体上定点

解法二:正平纬圆法求解 A 点的正面投影和侧面投影

过 A 点作正平圆,该圆为圆球的正平纬圆,图 5 – 27（a）水平投影中所示直线为该圆的水平投影。由正平纬圆的水平投影作正面投影,如图 5 – 27（b）法。A 点在正平纬圆上,因此 A 点的正面投影 a′在正平纬圆的正面投影上,由此得到 A 点的正面投影 a′,如图 5 – 27（c）所示。再依据 A 点的水平投影 a 和正面投影 a′求出侧面投影 a″,如图 5 – 27（d）所示。

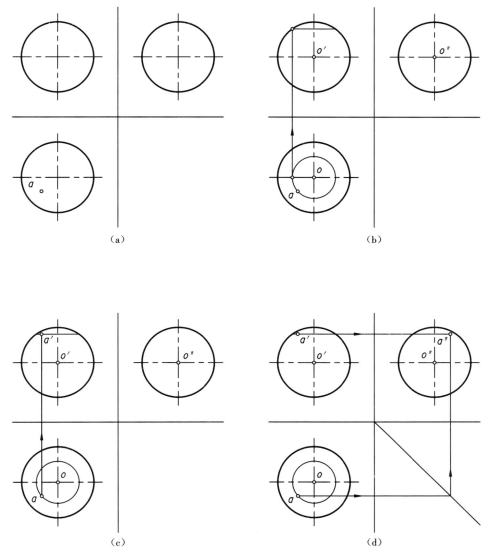

图 5－26　水平纬圆法圆球体上定点

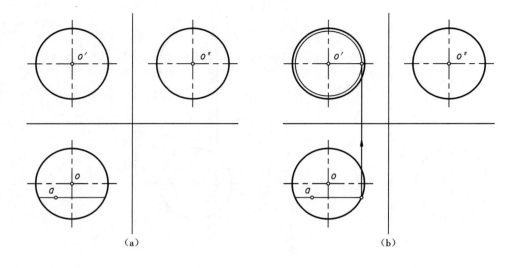

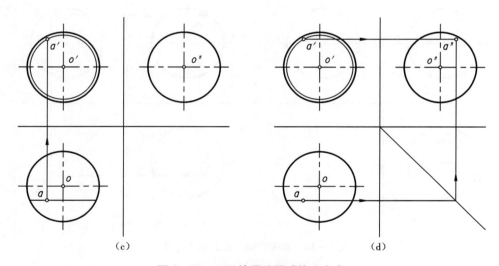

图 5 − 27　正平纬圆法圆球体上定点

5.5　曲面立体截交线

平面与曲面立体相交产生的交线称为截交线,它通常为平面曲线,或为直线和曲线组成的平面图形,具体形态取决于曲面立体表面性质以及平面与曲面立体的相对位置关系。

5.5.1　圆柱体截交线

根据平面与圆柱体相对位置的不同,圆柱体的截交线共有三种基本形态,分别为直线、圆和椭圆,见表 5 − 1。

表 5 - 1　圆柱体截交线基本形态

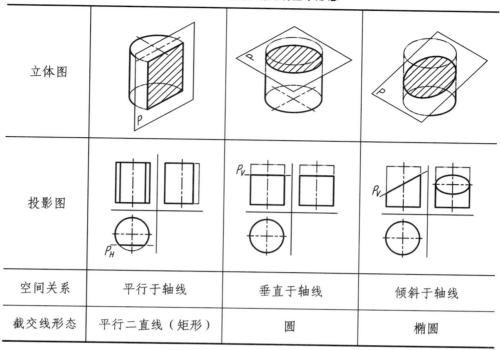

立体图			
投影图			
空间关系	平行于轴线	垂直于轴线	倾斜于轴线
截交线形态	平行二直线（矩形）	圆	椭圆

当平面与圆柱体轴线平行时,平面与圆柱体的侧面交线为平行二直线,如果同时考虑上、下端面的直线交线,则截交线整体呈矩形。当平面与圆柱体轴线垂直时,截交线为圆,其投影通常为圆或直线(有积聚时)。当平面与圆柱体轴线倾斜时,截交线为椭圆,其投影通常为椭圆或直线,但是也有可能是圆,如果同时考虑上、下端面的直线交线,则截交线整体为椭圆弧线和直线构成的组合图形。下面通过例题介绍圆柱体截交线的求解方法。

例 5.10　完成图 5 - 28(a)所示截切圆柱的正面投影,并补绘侧面投影。

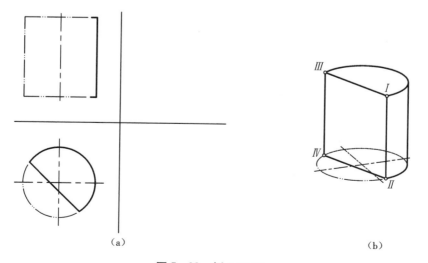

（a）　　　　　　　　　　　　　　（b）

图 5 - 28　例 5.10 图

解题分析

分析题目可知，截切平面与圆柱轴线平行，交线为平行的两条铅垂线（直线 I II 和 III IV），水平投影积聚为点，如图 5-28(b)所示。只要按照投影关系将铅垂线绘出，并整理好圆柱的轮廓线，即可完成题目。

作图过程

（1）由圆柱水平投影和正面投影绘制截切前圆柱的侧面投影，并求出两条铅垂线的正面投影和侧面投影，如图 5-29(a)所示。

（2）整理图线，将结果线加深，可保留作图线和文字标记，如图 5-29(b)所示。

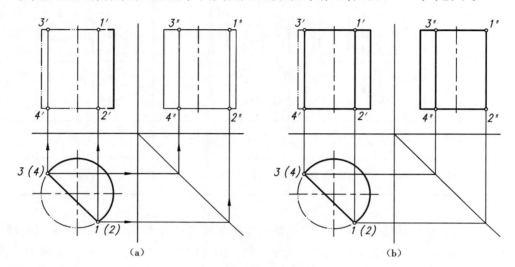

（a）　　　　　　　　　　　　　　　（b）

图 5-29　例 5.10 求解过程

例 5.11　完成图 5-30(a)所示斜截圆柱的侧面投影。

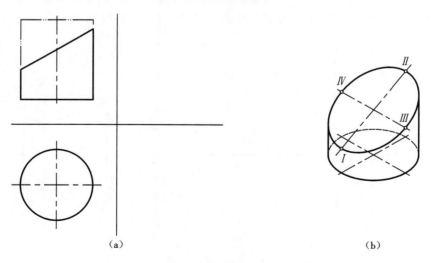

（a）　　　　　　　　　　　　　　　（b）

图 5-30　例 5.11 图

解题分析

分析题目可知，截切平面与圆柱轴线倾斜，交线空间形态为椭圆，水平投影为圆，侧面投影仍为椭圆。

对于非圆曲线,如本题中的侧面椭圆投影,往往需要先求出一系列点,然后光滑连接,形成近似图形。理论上点越多越好,实际上找出控制曲线性态的所谓控制点对于准确绘制曲线更重要。曲线在不同情况下的控制点各不相同,在后面各例题中将逐一介绍。

本题中椭圆两轴的端点是它的控制点,即Ⅰ、Ⅱ、Ⅲ和Ⅳ点,如图 5-30(b)所示。同时还应注意到Ⅲ、Ⅳ两点还是椭圆跨越左右半柱的分界点,在侧面投影中具有相切性,绘图时应注意使圆柱轮廓线与椭圆截交线在此相切。

作图过程

(1)标记截交椭圆两轴端点Ⅰ、Ⅱ、Ⅲ和Ⅳ的正面投影,并绘出截交前圆柱的侧面投影,如图 5-31(a)所示。

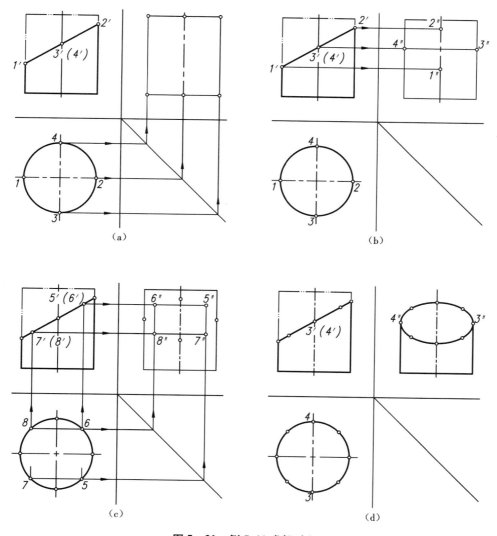

图 5-31　例 5.11 求解过程

(2)求出各控制点的侧面投影,如图 5-31(b)所示。

(3)补充一般点。一般点的选取数量没有特别要求,可根据作图精度的需要添加,在此按对称位置添加Ⅴ、Ⅵ、Ⅶ和Ⅷ点，并求出正面投影和侧面投影，如图5-31(c)所示。

（4）在侧面投影中光滑连接各点，注意3″、4″点的相切性，并整理图线，结果如图5-31(d)所示。

例5.12 完成图5-32(a)所示斜截圆柱的侧面投影，并补全水平投影。

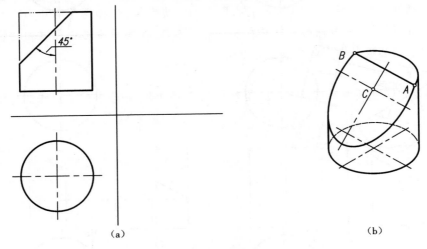

（a）　　　　　　　　　　　（b）

图5-32　例5.12图

解题分析

分析题目可知，截切平面与圆柱轴线倾斜，且从上端面切出，与上端面相交产生正垂交线AB，正面投影积聚为一点，即a′(b′)点；与圆柱侧面相交产生椭圆弧交线，其水平投影为圆弧，存在于圆柱侧面水平投影积聚中，如图5-32(b)所示。由于截切平面的倾斜角度为45°，椭圆弧的侧面投影为半径与圆柱相同的圆弧，作图时应先确定圆心C点，然后用圆规作图。

作图过程

（1）在水平投影中完成截切平面与圆柱上端面的正垂交线的水平投影ab，绘出截交前圆柱的侧面投影，并确定截交椭圆侧面投影圆的圆心c″，如图5-33(a)所示。

（2）在侧面投影中以c″为圆心，以圆柱半径为半径作圆弧，完成截交椭圆弧的侧面投影，并整理图线，注意圆弧与轮廓线的相切性，如图5-33(b)所示。

复杂的曲面立体可以看作是由简单曲面立体经过平面的多次截交或组合截交形成的，这一过程被称作曲面立体的开槽和挖洞。

例5.13 完成图5-34(a)所示开槽圆柱的侧面投影，并补全水平投影。

解题分析

分析题目可知，圆柱被两个侧平面和一个水平面截切，两个侧平面与圆柱侧面相交分别产生ⅠⅣ、ⅡⅥ、ⅢⅦ和ⅣⅧ四条铅垂线，一个水平面与圆柱侧面相交分别产生ⅤⅦ和ⅥⅧ两段圆弧，如图5-34(b)所示。

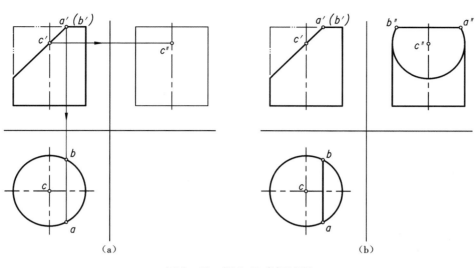

图 5 - 33　例 5.12 求解过程

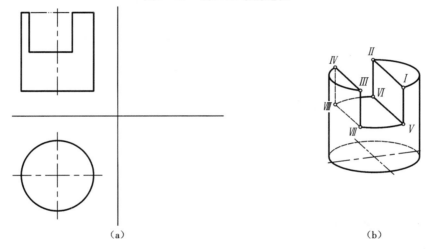

图 5 - 34　例 5.13 图

作图过程

(1)在水平投影中完成积聚的 Ⅰ Ⅱ Ⅵ Ⅴ 和 Ⅲ Ⅳ Ⅷ Ⅶ 两个侧平面的水平投影,并绘出圆柱被截切前的侧面投影,如图 5 - 35(a)所示。

(2)两个侧平面与圆柱的交线为铅垂线,由其水平投影求出侧面投影,如图 5 - 35(b)所示。

(3)水平截切平面的侧面投影仍为直线,可由正面投影求出,如图 5 - 35(c)所示。

(4)整理图线,并区分可见性,结果如图 5 - 35(d)所示。

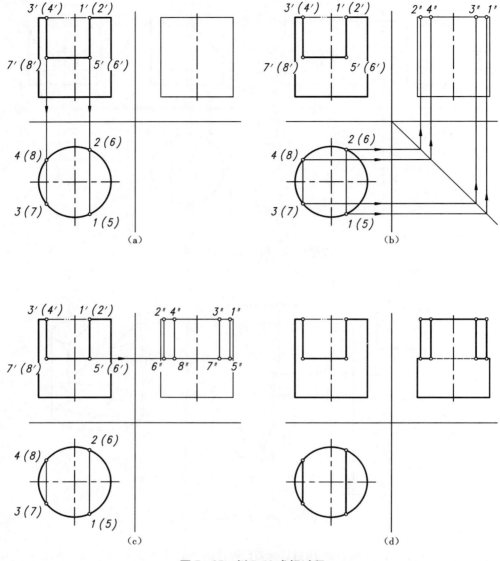

图 5 – 35　例 5.13 求解过程

例 5.14　完成图 5 – 36(a)所示挖洞圆柱的侧面投影,并补全水平投影。

解题分析

分析题目可知,圆柱被三个平面截切,其中侧平截切面ⅠⅢⅣⅢ与圆柱相交产生ⅠⅢ和ⅢⅣ两条直线交线,水平截切面ⅢⅤⅥⅣ与圆柱相交产生ⅢⅤ和ⅣⅥ两段圆弧交线,倾斜截切面ⅠⅡⅥⅣ与圆柱相交产生ⅣⅤ和ⅡⅥ两段椭圆弧交线,如图 5 – 36(b)所示。它们的水平投影均包含在圆柱侧面的积聚投影中,侧面投影两条直线交线反映实形、两段圆弧交线积聚成直线,作图时可利用这些投影特征。

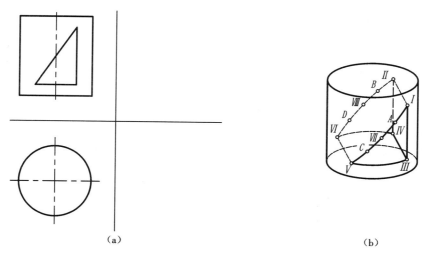

（a）　　　　　　　　　　　　　　　　（b）

图 5 – 36　例 5.14 图

作图过程

（1）在水平投影中完成积聚的侧平截切面 ⅠⅢⅣⅡ 的水平投影和倾斜截切面与水平截切面交线 ⅤⅥ 的水平投影，并绘出圆柱被截切前的侧面投影，如图 5 – 37（a）所示。

（2）侧平截切面与圆柱的交线为铅垂线，可由其水平投影求出侧面投影，如图 5 – 37（b）所示。

（3）水平截切面ⅢⅣⅥⅤ的侧面投影为直线，可由正面投影直接绘出；倾斜截切面与侧平截切面的交线 ⅠⅡ 为正垂线，正面投影有积聚性，其侧面投影可由正面投影直接绘出，如图 5 – 37（c）所示。

（4）倾斜截切面与圆柱相交的交线为两段椭圆弧，其侧面投影仍为椭圆弧，求解时需要首先确定控制点。显然，作为椭圆弧端点的 Ⅰ、Ⅱ 点和 Ⅴ、Ⅵ 点是控制点，可直接求出；此外，椭圆弧跨越左右半个圆柱时与圆柱轮廓线相切的Ⅶ、Ⅷ点也是控制点，可由正面投影求出，如图 5 – 37（d）所示。

（5）补充 A、B、C 和 D 点，作为求解椭圆弧的一般点，如图 5 – 37（e）所示。

（6）整理图线，并区分可见性，结果如图 5 – 37（f）所示。

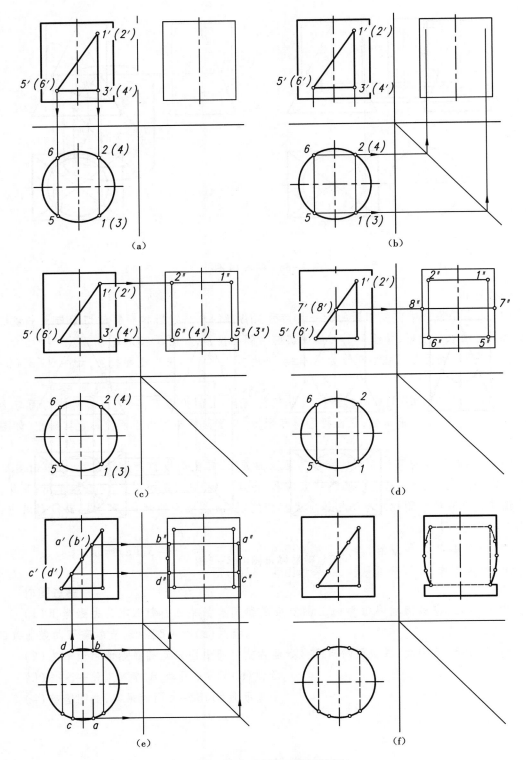

图 5 -37　例 5.14 求解过程

5.5.2　圆锥体截交线

根据平面与圆锥体相对位置的不同,圆锥体的截交线共有五种基本形态,分别为直线、圆、抛物线、双曲线和椭圆,见表 5 - 2。

表 5 - 2　圆锥体截交线基本形态

立体图			
投影图			
空间关系	过锥顶	不过锥顶,且垂直于圆锥轴线	不过锥顶,且与锥面上唯一一条素线平行
截交线形态	相交二直线（三角形）	圆	抛物线
立体图			
投影图			
空间关系	不过锥顶,且与锥面上两条素线平行	不过锥顶,且不与锥面上任何素线平行	
截交线形态	双曲线	椭圆	

当平面过圆锥锥顶时,平面与圆锥体的侧面交线为相交二直线,交点为锥顶,如果同时考虑与圆锥底面的直线交线,则截交线整体呈三角形。当平面不过锥顶,且与圆锥轴线垂直时,截交线为圆,其投影通常为圆或直线(有积聚时)。当平面不过锥顶,且与圆锥唯一一条素线平行时,截交线为抛物线,其投影通常不反映实形或为直线(有积聚时)。当平面不过锥顶,且与圆锥两条素线平行时,截交线为双曲线,其投影通常为实形或直线(有积聚时)。当平面不过锥顶,且不与圆锥任何素线平行时,截交线为椭圆,其投影通常不反映实形或为直线(有积聚时)。

与圆柱截交线相类似,圆锥有可能被多个平面同时截切,产生复杂的截交线,求解时要逐面分析截交线的投影特征。先找出控制点,并求其投影;再根据具体情况适度添加补充点,并求出投影;最后在同面投影中光滑连接各点,并整理图线。下面通过例题介绍圆锥截交线的求解方法。

例5.15 完成图5-38(a)所示斜截圆锥的侧面投影,并补绘水平投影。

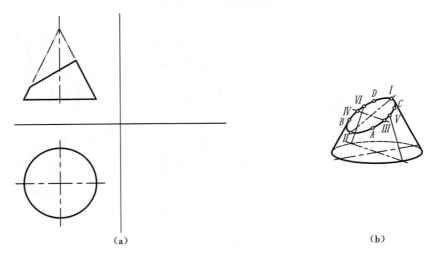

(a)　　　　　　　　　(b)

图5-38　例5.15图

解题分析

分析题目可知,截切平面不与圆锥任何素线平行,且不过锥顶,因此截交线为椭圆。该椭圆正面投影积聚为直线,水平投影和侧面投影为相仿椭圆。对于椭圆曲线,两轴端点为控制点,即Ⅰ、Ⅱ点和Ⅲ、Ⅳ点,如图5-38(b)所示。Ⅴ点和Ⅵ点为椭圆跨越左右半个圆锥的分界点,在侧面投影中有相切性,因此相对于侧面投影也是控制点。

作图过程

(1)作圆锥截切前的侧面投影,因为Ⅰ点和Ⅱ点在圆锥左、右轮廓线上,其投影可直接在圆锥的水平投影和侧面投影中求出,如图5-39(a)所示。

(2)正面投影中,直线1′2′的中点为Ⅲ、Ⅳ点的正面投影,水平投影可先用纬圆法求出,侧面投影再由水平投影和正面投影求出,如图5-39(b)所示。

(3)Ⅴ点和Ⅵ点在圆锥前后轮廓线上,是侧面投影的控制点,其投影可直接在圆锥的侧面投影中求出,同时作为水平投影的一般点也一并求出,如图5-39(c)所示。

(4)补充一般点A、B,如图5-39(d)所示。

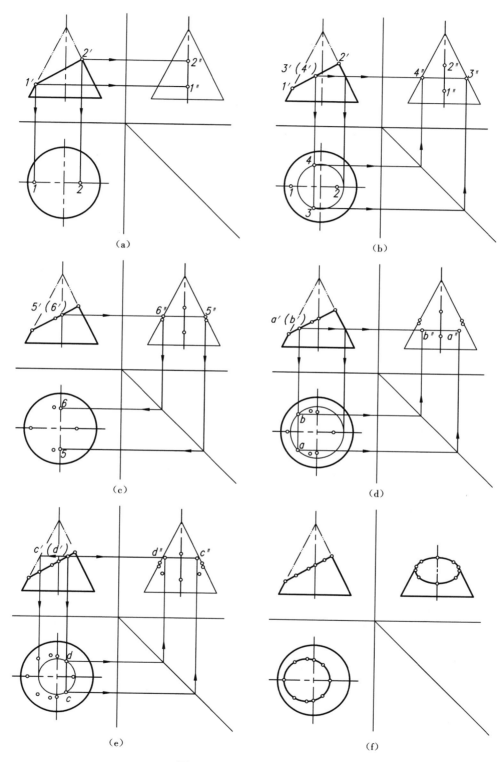

（a）　　　　　　　　　　　　　（b）

（c）　　　　　　　　　　　　　（d）

（e）　　　　　　　　　　　　　（f）

图 5 - 39 例 5.15 求解过程

（5）补充一般点 C、D，如图 $5-39$（e）所示。

（6）光滑连接各点，并整理图线，注意侧面投影中椭圆截交线与轮廓线的相切处，结果如图 $5-39$（f）所示。

例 5.16　完成图 $5-40$（a）所示开槽圆锥的侧面投影，并补绘水平投影。

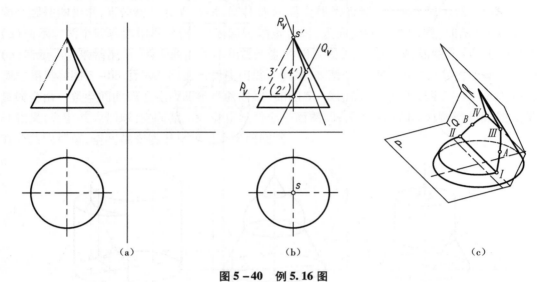

（a）　　　　　　　（b）　　　　　　　（c）

图 $5-40$　例 5.16 图

解题分析

分析题目可知，圆锥体被三个平面所截，其中 P 平面为水平面，完整截交线为圆，本题中取该圆的一部分，形成 Ⅲ 圆弧，水平投影反映实形，侧面投影积聚成直线；Q 平面为正垂面，与圆锥左侧轮廓线平行，完整截交线为抛物线，本题中取其一部分，形成 ⅠⅢ 和 ⅡⅣ 前后两段弧线；R 平面为过锥顶的正垂面，与圆锥交线为 SⅢ 和 SⅣ 两段直线，如图 $5-40$（b）、（c）所示。

作图过程

（1）作圆锥截切前的侧面投影，完成平面 P 截交圆的水平投影和侧面投影，并确定有效部分，如图 $5-41$（a）所示。

（2）用纬圆法确定点 Ⅲ 和点 Ⅳ 的水平投影和侧面投影，求出平面 R 的截交直线，如图 $5-41$（b）所示。

（3）平面 Q 的截交抛物线控制点为弧线端点 Ⅰ、Ⅲ 和 Ⅱ、Ⅳ，已经求出，由于数量不足，无法确定弧线走向，因此用纬圆法补充一般点 A、B，求出相应的水平投影和侧面投影，如图 $5-41$（c）所示。

（4）光滑连接各点，形成截交弧线，并整理图线，注意不要漏掉截切面与截切面的交线，结果如图 $5-41$（d）所示。

5.5.3　圆球体截交线

圆球体的截交线空间上总是圆，其投影根据截交平面与投影面的位置关系不同，可以是圆（截交平面为投影面平行面）、直线（截交平面为投影面垂直面）和椭圆（截交平面为一般

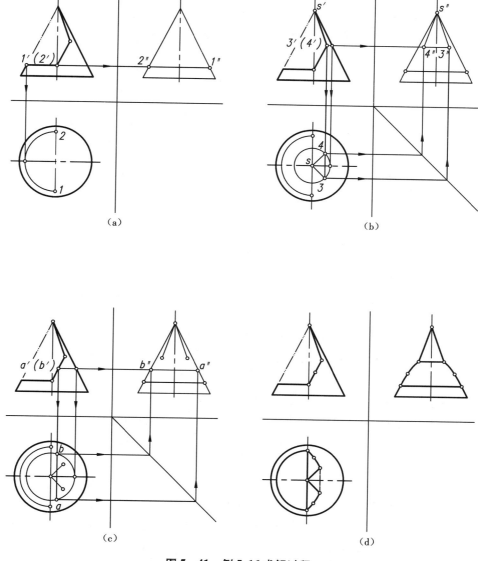

图 5−41　例 5.16 求解过程

位置面）。

例 5.17　补全图 5−42(a)所示截切圆球的三面投影图。

解题分析

　　分析题目可知,截交平面为正垂面,截交圆正面投影积聚成直线,水平投影和侧面投影均为椭圆。投影椭圆的控制点为椭圆两轴端点,即点Ⅰ、Ⅱ和点Ⅲ、Ⅳ;此外,由于截切平面跨越了上下半球的轮廓线,对于水平投影,截交线在Ⅴ点和Ⅵ点与轮廓线相切,因此Ⅴ点和Ⅵ点是水平投影中截交线的控制点;同理,Ⅶ点和Ⅷ点是侧面投影中截交线的控制点,均应求出,如图 5−42(b)所示。

作图过程

(1)标记投影椭圆两轴端点的正面投影,即点 1′、2′和点 3′、4′,其中点 3′、4′为线段 1′2′

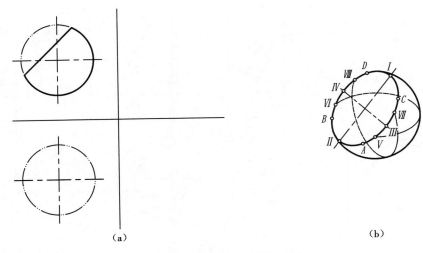

（a）　　　　　　　　　　　　　　　　　　（b）

图 5 – 42　例 5. 17 图

的中点;标记截交线跨越上下半球和左右半球轮廓线的相切点的正面投影,即点 5′、6′和点 7′、8′,并画出圆球侧面投影,如图 5 – 43(a)所示。

（2）求出点 I 和点 II 的水平投影和侧面投影,如图 5 – 43(b)所示。

（3）用纬圆法求出点 III 和点 IV 的水平投影和侧面投影,如图 5 – 43(c)所示。

（4）分别求出水平投影和侧面投影中轮廓线上相切点 V、VI 和 VII、VIII 的水平投影和侧面投影,如图 5 – 43(d)所示。

（5）补充一般点 A、B 和 C、D,并求出其水平投影和侧面投影,如图 5 – 43(e)所示。

（6）光滑连接各点,并整理图线,注意投影图中截交线跨越轮廓线时的相切处理,结果如图 5 – 43(f)所示。

例 5.18　补全图 5 – 44(a)所示截切半圆球的三面投影图。

解题分析

分析题目可知,半圆球被三个平面所截。其中平面 P 为水平面,水平投影反映实形,侧面投影积聚成直线,有效部分分别为圆弧 I III 和圆弧 II IV;平面 Q 和平面 R 为侧平面,其截交线侧面投影反映实形,水平投影积聚成直线,有效部分为圆弧 III 和圆弧 III IV,如图 5 – 44(b)、(c)所示。

作图过程

（1）标记各圆弧段端点的正面投影,即点 1′、2′、3′和 4′,并画出半圆球侧面投影,如图 5 – 45(a)所示。

（2）用纬圆法求出点 I 、II 、III 和 IV 的水平投影,如图 5 – 45(b)所示。

（3）用纬圆法求出点 I 、II 、III 和 IV 的侧面投影,如图 5 – 45(c)所示。

（4）整理图线,结果如图 5 – 45(d)所示。

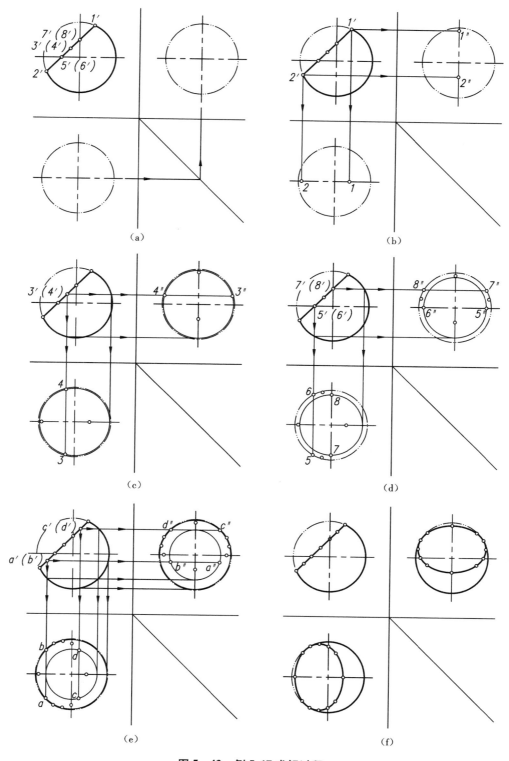

（a）　　　　　　　　　　　　（b）

（c）　　　　　　　　　　　　（d）

（e）　　　　　　　　　　　　（f）

图 5-43　例 5.17 求解过程

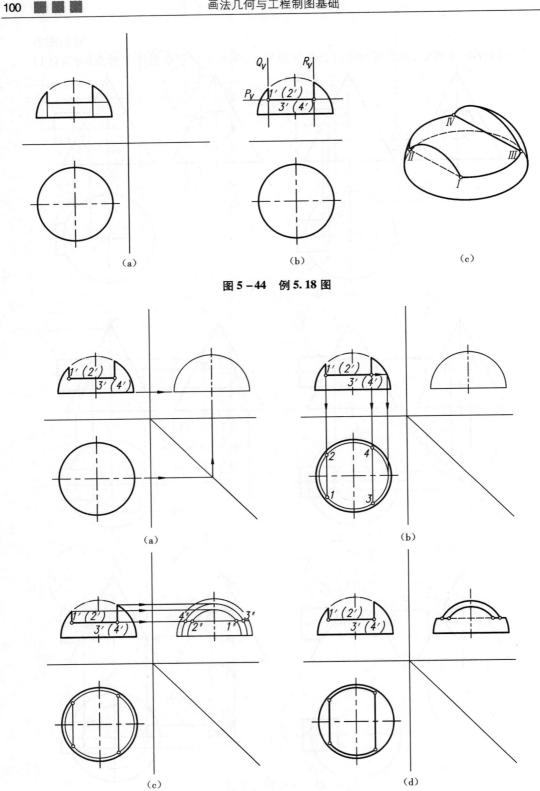

图 5 - 44   例 5.18 图

图 5 - 45   例 5.18 求解过程

5.6　直线与曲面立体相贯

　　直线穿过曲面立体称为直线与曲面立体相贯,与立体表面产生的交点称为贯穿点,如图 5 - 46 所示。当直线的投影或曲面立体表面的投影有积聚性,且贯穿点在其上时,确定贯穿点投影比较容易。

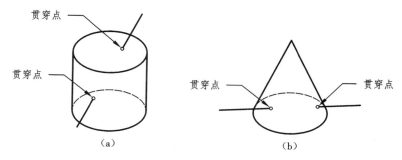

图 5 - 46　直线与曲面立体相贯

　　例 5.19　完成图 5 - 47(a)所示直线与圆柱相贯的相关投影。

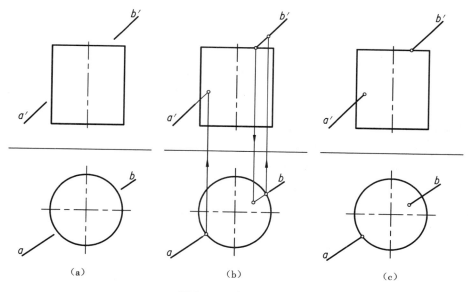

图 5 - 47　例 5.19 图

解题分析

　　假设直线贯穿圆柱有方向性,由题目可设直线从左下前方贯入,从右上后方贯出。由于圆柱侧面在水平投影面中积聚,直线贯入点的水平投影可直接标出。贯出点则需判断直线是从上端面贯出,还是从侧面贯出。

作图过程

　　(1)求解贯入点两面投影。自左前向右后延长直线水平投影,与圆柱水平投影圆相交,交点即为贯入点水平投影,再由直线的正面投影确定贯入点的正面投影,如图 5 - 47(b)

所示。

（2）求解贯出点两面投影。假设直线从圆柱侧面贯出，则与求解贯入点两面投影相同，求出贯出点两面投影。显然，由贯出点的正面投影可以判断直线不是从侧面贯出，而是从上端面贯出。由于上端面的正面投影有积聚性，贯出点的正面投影可直接标出，其水平投影可由直线水平投影确定，如图 5 – 47（b）所示。

（3）整理图线。将结果线加深，并注意直线与体相贯，内部相融合，贯入体内的直线不再存在，结果如图 5 – 47（c）所示。

例 5.20　完成图 5 – 48（a）所示直线与圆锥相贯的相关投影。

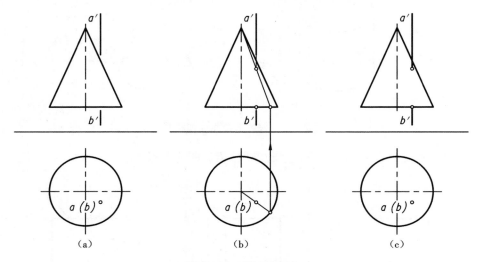

图 5 – 48　例 5.20 图

解题分析

分析题目可知，直线是铅垂线，水平投影有积聚性，因此贯穿点的水平投影可直接标出。设直线从下向上贯穿圆锥，由于圆锥底面的正面投影有积聚性，贯入点的正面投影可直接标出。求解贯出点正面投影问题实际上是面上定点问题，即一点在曲面立体上，已知其水平投影，求正面投影。求解方法需过点在曲面立体表面作辅助线，利用辅助线的投影确定点的投影。

作图过程

（1）求解贯入点正面投影。延长直线正面投影与圆锥底面正面投影相交，交点即为贯入点正面投影，如图 5 – 48（b）所示。

（2）求解贯出点正面投影。作锥顶与贯出点连线水平投影，并求出其正面投影，利用该线的正面投影与直线的正面投影确定贯出点正面投影，如图 5 – 48（b）所示。

（3）整理图线，将结果线加深，如图 5 – 48（c）所示。

如果直线的投影或曲面立体表面的投影没有积聚性，求解贯穿点的投影则需要采用辅助平面法。在直线与平面求交点中曾介绍过辅助平面法，与其相类似，首先过直线构造辅助平面，然后求出辅助平面与曲面立体的截交线，直线与截交线的交点即为直线与曲面立体的贯穿点。图 5 – 49 为直线与圆球相贯时求解贯穿点的示意图。

下面通过例题讲解无积聚时直线与曲面立体相贯的求解方法。

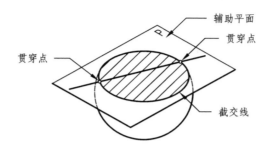

图 5 - 49　辅助平面法应用原理

例 5.21　完成图 5 - 50(a)所示直线与圆锥相贯的相关投影。

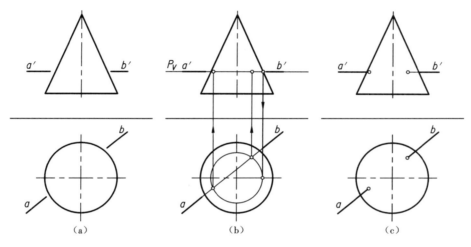

图 5 - 50　例 5.21 图

解题分析

分析题目可知,直线为水平线,与圆锥相贯时,贯入点和贯出点均在圆锥侧面上。由于直线和圆锥侧面均没有积聚性,因此需要借助辅助平面求解贯穿点投影。

作图过程

(1)过直线作辅助水平面 P,并求出平面 P 与圆锥交线圆的水平投影,直线水平投影与截交圆水平投影的交点即为贯穿点的水平投影,继而可以求出正面投影,如图 5 - 50(b)所示。

(2)整理图线,将结果线加深,并注意圆锥体内部融合直线不画出,直线被遮挡部分画虚线,如图 5 - 50(c)所示。

例 5.22　完成图 5 - 51(a)所示直线与圆球相贯的相关投影。

解题分析

分析题目可知,直线与圆球相贯,二者均没有积聚性,需借助辅助平面求解。虽然包含直线构造辅助平面,其截交线为圆,但是投影不反映实形,因此需进行投影变换,使截交圆投影反映实形。

作图过程

(1)作投影变换,使直线 AB 成为投影面平行线,并过直线 AB 作辅助铅垂面 P,在新投

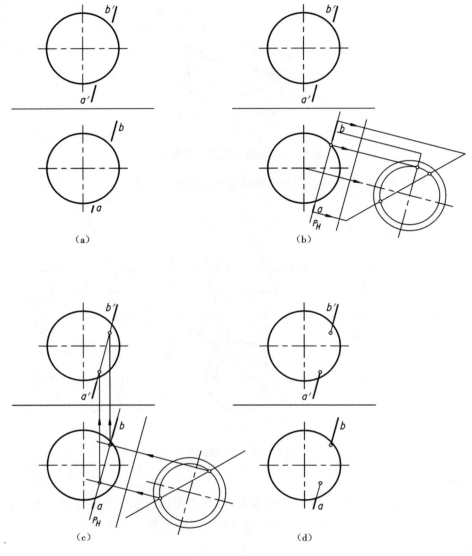

图 5 – 51　例 5.22 图

影中求截交圆投影及贯穿点投影,如图 5 – 51(b)所示。

　　(2)由新投影中的贯穿点投影求出贯穿点相关投影,如图 5 – 51(c)所示。

　　(3)整理图线,将结果线加深,并注意直线的可见性,结果如图 5 – 51(d)所示。

5.7　曲面立体与平面立体相贯

　　曲面立体与平面立体相互贯穿融为一体,称为曲面立体与平面立体相贯,表面交线称为相贯线。根据立体表面形态相贯线一般为由直线或平面曲线组成的连续空间线段,如图 5 – 52 所示。

　　下面通过例题介绍相贯线投影的求解方法。

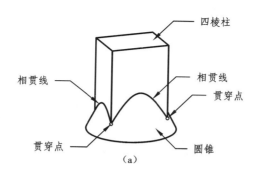

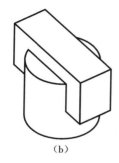 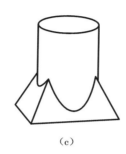 

（b）　　　　　　　　　（c）　　　　　　　　　（d）

图 5 - 52　曲面立体与平面立体相贯

例 5.23　完成图 5 - 53（a）所示圆柱与四棱柱相贯的相关投影。

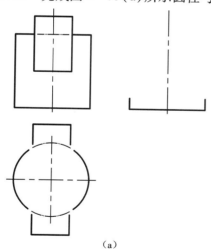 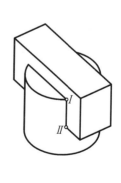

（a）　　　　　　　　　　　　　　　　　　（b）

图 5 - 53　例 5.23 图

解题分析

　　分析题目可知,四棱柱两个侧平面和两个正平面水平投影积聚,圆柱侧面水平投影积聚,相贯线的水平投影分别存在于各自积聚投影内,可由正面投影直接求出。四棱柱下水平面和圆柱上顶面的侧面投影积聚,对应相贯线的侧面投影存在于积聚投影内,可由正面投影直接求出;四棱柱两个侧平面与圆柱侧面交线(即直线Ⅲ及其余与之对称的三条线)的侧面投影,需通过水平投影求出,如图 5 - 53（b）所示。

作图过程

（1）求作水平投影和形体相贯前的侧面投影,如图5-54(a)所示。

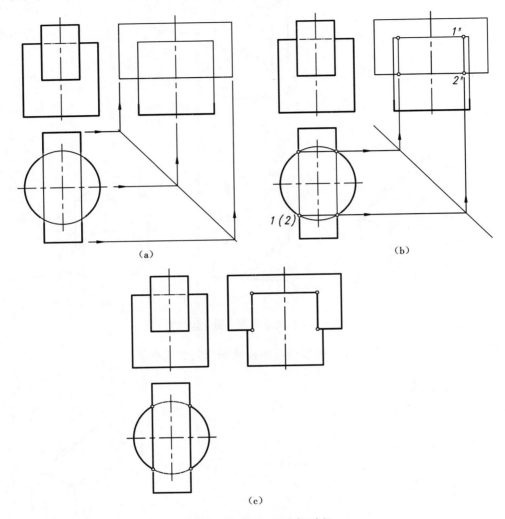

图5-54 例5.23 求解过程

（2）由水平投影求作直线Ⅲ及与之对称直线的侧面投影,如图5-54(b)所示。

（3）整理图线,将结果线加深,并注意体与体相贯内部相融合,体内的线面不再绘出,结果如图5-54(c)所示。

例5.24 完成图5-55(a)所示圆柱与四棱锥相贯的相关投影。

解题分析

分析题目可知,四棱锥四个侧面与圆柱侧面相交,产生四条椭圆弧,其中前后两条、左右两条,分别对称。每条椭圆弧的控制点均由上部两端点(Ⅰ点和Ⅱ点)和下部最低点(Ⅲ点)组成,需准确求出。为保证一定精度,需补充一般点A和B。圆柱侧面的水平投影有积聚性,相贯线的水平投影实际上已经确定,正面投影和侧面投影可通过水平投影求出,如图5-55(b)所示。

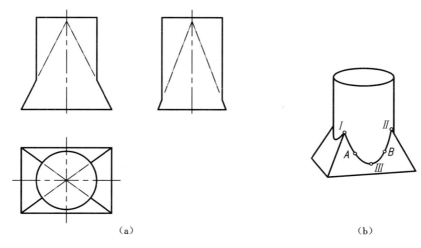

图 5 – 55　例 5.24 图

作图过程

(1)求作四棱锥四条棱与圆柱贯穿点的正面投影和侧面投影,这些点构成了四条椭圆弧的上部端点,如图 5 – 56(a)所示。

(2)求作前后椭圆弧最低点正面投影和左右椭圆弧最低点侧面投影,如图 5 – 56(b)所示。

(3)补充一般点 A 和 B,如图 5 – 56(c)所示。

(4)整理图线,结果如图 5 – 56(d)所示。

例 5.25　完成图 5 – 57 所示圆锥与四棱柱相贯的相关投影。

解题分析

分析题目可知,四棱柱四个侧面与圆锥侧面相交,产生四条曲线,其中前后两条、左右两条分别对称。每条曲线的控制点均由上部最高点(Ⅲ点)和下部两端点(Ⅰ点和Ⅱ点)组成,需准确求出。为保证一定精度,还需补充一般点 A 和 B,如图 5 – 57(b)所示。四棱柱侧面的水平投影有积聚性,相贯线的水平投影实际上已经确定,正面投影和侧面投影可通过水平投影求出。

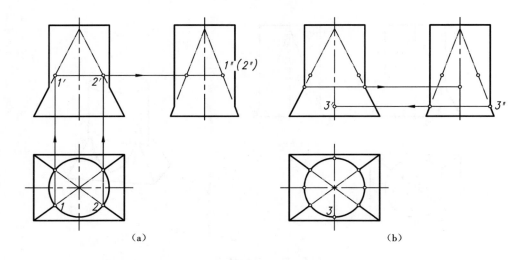

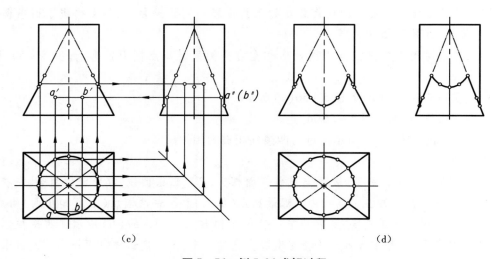

图 5 – 56 例 5.24 求解过程

作图过程

(1)用素线法求作四棱柱四条棱与圆锥贯穿点的正面投影和侧面投影,这些点构成了四条曲线的下部端点,如图 5 – 58(a)所示。

(2)求作前后曲线最高点正面投影和左右曲线最高点侧面投影,如图 5 – 58(b)所示。

(3)补充一般点 A 和 B,如图 5 – 58(c)所示。

(4)整理图线,结果如图 5 – 58(d)所示。

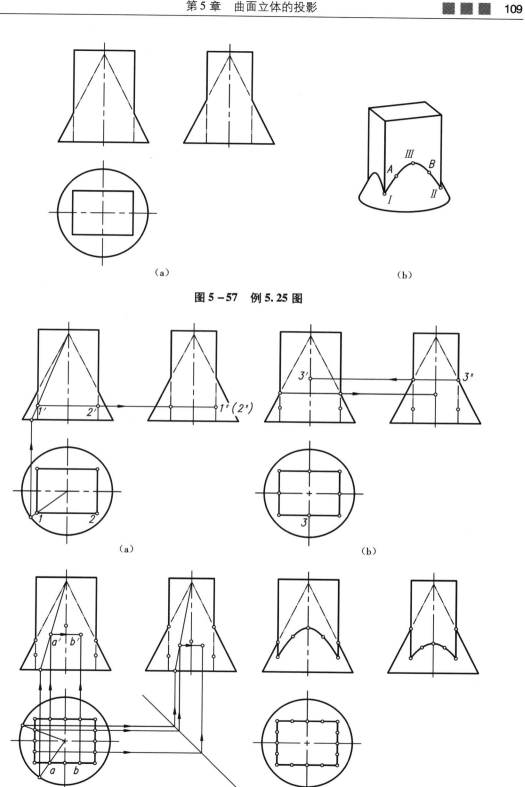

图 5 – 57　例 5. 25 图

图 5 – 58　例 5. 25 求解过程

例 5.26 完成图 5 - 59(a)所示半圆球与三棱柱相贯的相关投影。

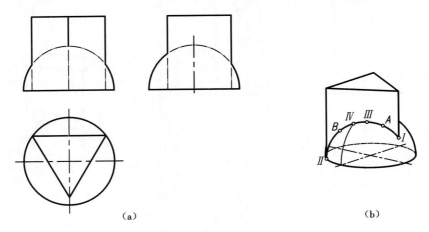

图 5 - 59　例 5.26 图

解题分析

　　分析题目可知,三棱柱三个侧面与半圆球面相交,产生三条截交圆弧,由于背侧面是正平面,其截交圆弧正面投影反映实形,侧面投影积聚成直线,相对容易求解;左右侧面为铅垂面,其截交圆弧的正面投影和侧面投影为椭圆弧,且相互对称,需确定控制点。每条椭圆弧的控制点由上部最高点(Ⅲ点)和下部两端点(Ⅰ点和Ⅱ点)组成。对于正面投影,Ⅳ点为截交线跨越前后半球时与轮廓线的交点,投影中表现为与轮廓线相切,也是控制点。为保证一定精度,还需补充一般点 A 和 B,如图 5 - 59(b)所示。三棱柱侧面的水平投影有积聚性,相贯线的水平投影已经确定,正面投影和侧面投影可通过水平投影求出。

作图过程

　　(1)求作三棱柱背面截交线的正面投影和侧面积聚投影,并确定三条棱的贯穿点,如图 5 - 60(a)所示。

　　(2)求作三棱柱左右侧面截交线最高点的正面投影和侧面投影,如图 5 - 60(b)所示。

　　(3)求作三棱柱左右侧面截交线正面投影中轮廓线相切点的正面投影和侧面投影,如图 5 - 60(c)所示。

　　(4)在Ⅰ点和Ⅲ点之间补充 A 点作为一般点,求作 A 点的正面投影和侧面投影,如图 5 - 60(d)所示。

　　(5)在Ⅱ点和Ⅳ点之间补充 B 点作为一般点,求作 B 点的正面投影和侧面投影,如图 5 - 60(e)所示。

　　(4)整理图线,结果如图 5 - 60(f)所示。

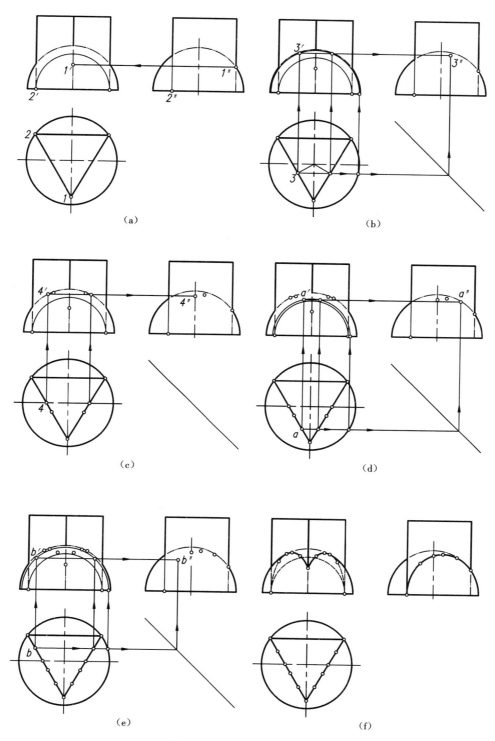

图 5 − 60　例 5.26 求解过程

5.8　曲面立体与曲面立体相贯

　　两个曲面立体相贯,相贯线的形态变化比较多,它们可以是直线、平面曲线或空间曲线。两个圆柱体相贯,当轴线相互平行时,圆柱体侧面交线为直线,端面交线为圆,如图 5 – 61 (a)所示。两个回转体相贯,当它们的回转轴重合时,表面交线往往为圆,如图 5 – 61(b)、(c)所示。一般情况下,两个曲面立体相贯产生的相贯线为空间曲线,如图 5 – 62 所示的两圆柱相贯和图 5 – 63 所示的圆锥与圆柱相贯。但是,当两个曲面立体有公共内切球时,其相贯线会由一条空间曲线退化成两条平面曲线,如图 5 – 64 所示。其中,图 5 – 64(a)为两圆柱相贯,有公共内切球,空间截交线退化成两个平面椭圆;图 5 – 64(b)为圆锥与圆柱相贯,有公共内切球,空间截交线退化成两个平面椭圆。

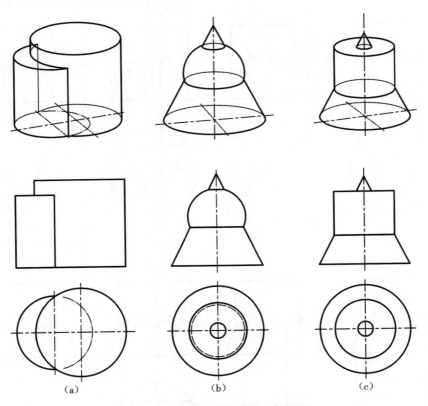

图 5 – 61　曲面立体与曲面立体相贯

　　曲面立体与曲面立体相贯,相贯线形态变化比较大,要根据具体题目分析相贯线的组成和控制点,以准确控制相贯线的走向。下面通过例题介绍相贯线投影的求解方法。

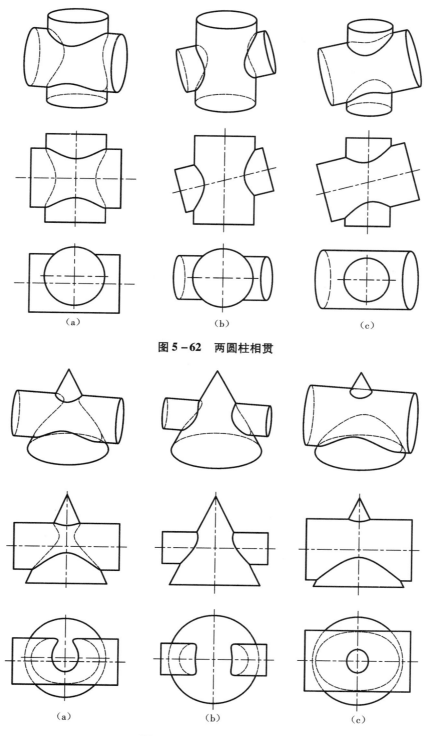

图 5 – 62 两圆柱相贯

图 5 – 63 圆柱与圆锥相贯

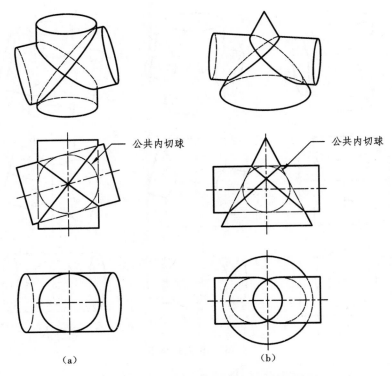

图 5-64　两个有公共内切球的曲面立体相贯

例 5.27　完成图 5-65(a)所示两圆柱相贯的正面投影和侧面投影。

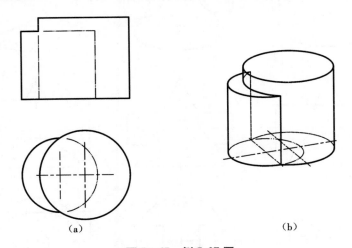

图 5-65　例 5.27 图

解题分析

　　分析题目可知,两圆柱轴线相互平行,底面处于同一平面,高度不同,因此相贯线由前后两条直素线和短圆柱顶面的圆弧组成。由于两圆柱水平投影积聚,前后素线的正面投影和侧面投影可由水平投影直接求出,如图 5-65(b)所示。

作图过程

（1）作出大圆柱侧面投影，并由水平投影求出前后素线的正面投影和侧面投影，如图 5-66（a）所示。

（2）由正面投影求作短圆柱顶面圆弧线的侧面投影，并整理图线，结果如图 5-66（b）所示。

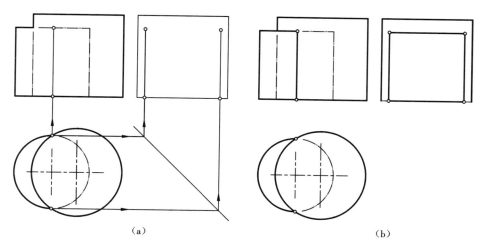

（a）　　　　　　　　　　　　　　　　　（b）

图 5-66　例 5.27 求解过程

例 5.28　完成图 5-67（a）所示圆柱与圆锥相贯的水平投影和正面投影。

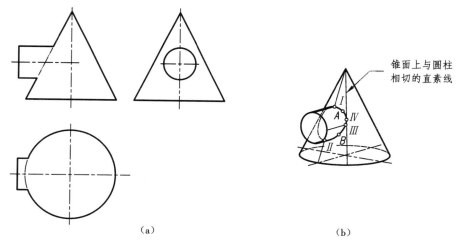

（a）　　　　　　　　　　　　　　（b）

图 5-67　例 5.28 图

解题分析

分析题目可知，圆柱与圆锥轴线相交，相贯线为前后对称的空间曲线，正面投影相互重合。对于正面投影，最高点（Ⅰ点）、最低点（Ⅱ点）和最右点，即圆锥面上与圆柱相切素线的切点（Ⅳ点）为控制点。对于水平投影，除上述几个点外，还有最前点（Ⅲ点）和最后点为控制点。此外，为满足一定精度，增加 A 点和 B 点作为一般点，如图 5-67（b）所示。由于圆柱侧面投影积聚，上述各点的正面投影和水平投影可由侧面投影直接求出。

作图过程

(1)I点和II点的正面投影可直接确定,水平投影通过正面投影求出,如图5-68(a)所示。

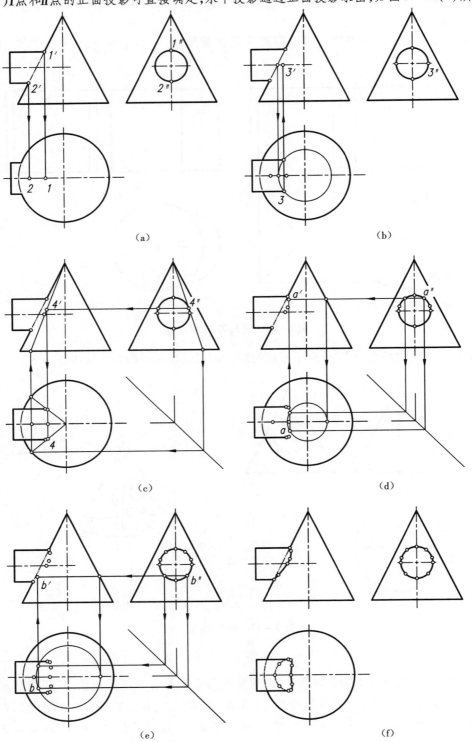

图5-68　例5.28求解过程

（2）用纬圆法求出Ⅲ点的水平投影和正面投影，如图 5 – 68（b）所示；Ⅲ点的水平投影前后有两个，图中只对前面的点做了编号。

（3）在侧面投影中作锥面上圆柱的相切素线，并用素线法求出切点（Ⅳ点）的水平投影和正面投影，如图 5 – 68（c）所示；与Ⅲ点相同，Ⅳ点的水平投影前后有两个，图中只对前面的点做了编号。

（4）用纬圆法求出一般点 A 的水平投影和正面投影，如图 5 – 68（d）所示。

（5）用纬圆法求出一般点 B 的水平投影和正面投影，如图 5 – 68（e）所示。

（6）整理图线，结果如图 5 – 68（f）所示。

例 5.29　完成图 5 – 69（a）所示开孔半圆管的正面投影。

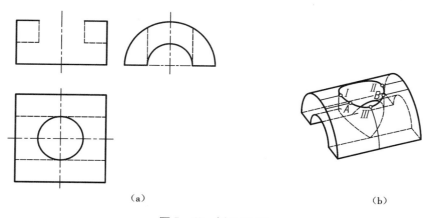

（a）　　　　　　　　　　　　　　　　　　　　　　　（b）

图 5 – 69　例 5.29 图

解题分析

分析题目可知，半圆管开孔产生两组相贯线，即孔壁与内管壁相贯线和孔壁与外管壁相贯线。由于开孔直径与圆管内径相等，即两圆柱有公共内切球，孔壁与内管壁相贯线为两条平面曲线，且正面投影积聚成直线；孔壁与外管壁的相贯线则为前后对称的空间曲线，正面投影前后重合，求解时最高点（Ⅰ点和Ⅱ点）和最低点（Ⅲ点）为控制点。此外，增加 A 点和 B 点作为一般点，如图 5 – 69（b）所示。由于孔壁水平投影积聚，半圆柱内外壁侧面投影积聚，控制点正面投影可直接求出。

作图过程

（1）完成孔壁与内管壁相贯线的正面积聚投影，如图 5 – 70（a）所示。

（2）完成Ⅰ点、Ⅱ点和Ⅲ点的正面投影，如图 5 – 70（b）所示；Ⅲ点的投影前后有两个，图中只对前面的点做了编号。

（3）补充一般点 A 和 B，并利用水平投影和侧面投影的积聚性求出正面投影，如图 5 – 70（c）所示；A 点和 B 点前后成对出现，图中只对前面的点做了编号。

（4）光滑连接各点，完成孔壁与外管壁相贯线的正面投影，并整理图线，结果如图 5 – 70（d）所示。

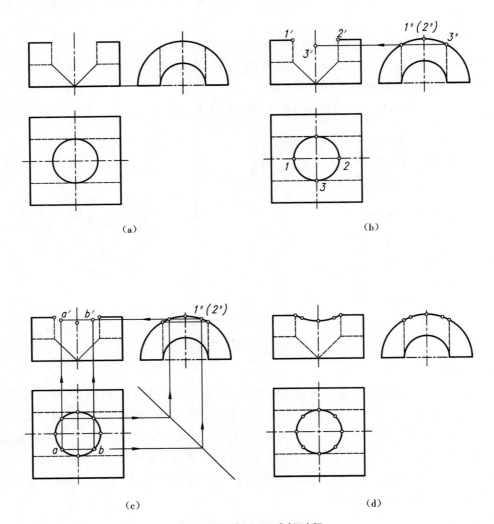

（a）　　　　　　　　　　（b）

（c）　　　　　　　　　　（d）

图 5-70　例 5.29 求解过程

例 5.30　完成图 5 – 71(a)所示圆柱与半圆球相贯的正面投影。

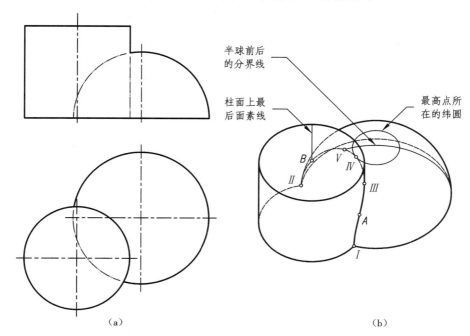

图 5 – 71　例 5.30 图

解题分析

　　圆柱与半圆球相贯,相贯线为一条空间曲线。I 点和 II 点为曲线的端点;III 点为曲线跨越圆柱前后面的分界点,正面投影图中,相贯线在该点处与圆柱最右轮廓线相切;IV 点是曲线的最高点;V 点是曲线跨越半球前后面的分界点,正面投影图中,相贯线在该点处与半球轮廓线相切。上述各点为相贯线正面投影的控制点。此外,考虑到 I 点与 III 点、II 点与 V 点相距较远,分别在其间补充 A 点和 B 点作为一般点,其中 B 点选择圆柱最后素线与半球的交点并无特别意义,如图 5 –71(b)所示。

作图过程

　　(1) I 点、II 点和 V 点的特殊位置使得它们可以由水平投影直接求出,如图 5 –71(a)所示。

　　(2)水平投影中,连接半球球心与圆柱积聚轴线,连线与圆柱面的积聚圆交点即为最高点(IV 点)的水平投影,由此可用纬圆法求出 IV 点的正面投影,如图 5 –72(b)所示。

　　(3)用纬圆法求解 III 点以及一般点 A 和 B 的正面投影,如图 5 –72(c)所示。

　　(4)光滑连接各点,求出相贯线正面投影,并整理图线,结果如图 5 –72(d)所示。

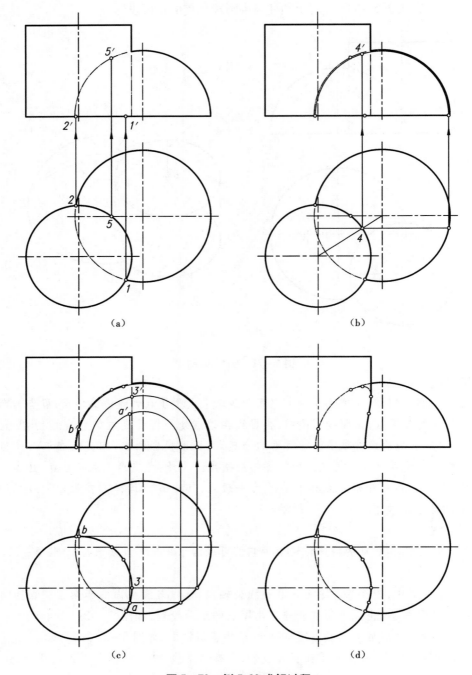

图 5 –72 例 5.30 求解过程

第6章 组合体视图

6.1 基本概念

6.1.1 组合体

在日常生活和工程生产中,各种各样的建筑物、机械零件以及各种产品形体或工程形体虽然千奇百态、形状各异,都较为复杂,但是仔细分析后不难看出,它们都是由若干基本形体按照一定的组合方式组合而成的。

由两个或两个以上的基本形体(棱柱、棱锥、圆柱、圆锥、圆球、圆环等)按照一定的组合方式组合形成的形体称为组合体。图6-1(a)为一个组合体,该组合体由图6-1(b)所示四个基本形体组成,这四个基本形体分别是2个四棱柱、1个半圆柱和1个三棱柱。

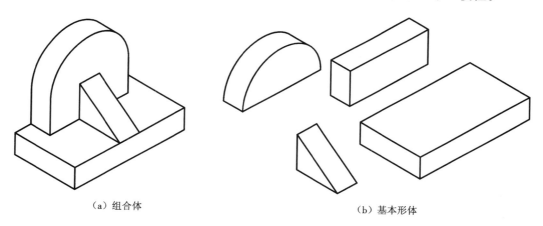

（a）组合体　　　　　　　　　　　　　　（b）基本形体

图6-1　组合体和基本形体

6.1.2 视图及三视图

工程制图上习惯将形体的投影图称为视图。组合体的视图就是组合体的投影图。前面章节介绍的三面投影图,对应到工程制图中,称为三视图。其对应关系如下:组合体的正面投影图称为主视图,组合体的水平投影图称为俯视图,组合体的侧面投影图称为左视图。这三个视图称为组合体的三视图,如图6-2所示。

在不同的专业领域,这三个视图又有不同的习惯称呼。主视图有时被称为正视图或正立面图,俯视图被称为平面图,左视图被称为侧视图或侧立面图。

三视图的度量和方位对应关系与三面投影图的度量和方位关系是一致的,即主视图与俯视图反映了形体的长度,主视图与左视图反映了形体的高度,俯视图与左视图反映了形体

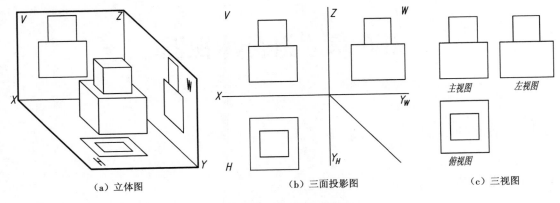

（a）立体图　　　　　　　　（b）三面投影图　　　　　　　（c）三视图

图6-2　组合体三视图

的宽度，如图6-3（a）所示。三视图的方位对应关系是：主视图反映上下、左右关系，俯视图反映前后、左右关系，左视图反映上下、前后关系，如图6-3（b）所示。

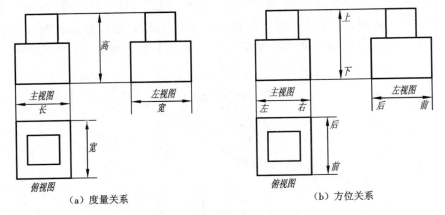

（a）度量关系　　　　　　　　　　　（b）方位关系

图6-3　三视图度量和方位对应关系

6.2　组合体形体分析

　　将复杂的整体问题化整为零进行简单化，是分析处理所有复杂问题常用的方法之一。对于本章所述的组合体，在日常生活和工程生产中经常会遇到非常复杂的形体，但是经过化整为零的简化后，复杂的组合体总能分解成若干基本形体。

　　在工程制图中，把组合体（建筑物、机件或各种产品）假想分解为若干基本形体，然后分析这些基本形体的形状以及它们之间的位置关系、组合方式和连接关系，进而从总体上理解、认识和构思组合体的方法称为形体分析法。形体分析法是组合体绘图、读图和尺寸标注常用的方法。

6.2.1　组合体组合方式

　　组合体的组合方式分为叠加组合、切割组合和混合组合三种。

1. 叠加组合

叠加组合指基本形体通过一个面或几个面相连接形成整体,这种组合体又分为不平齐叠加、平齐叠加、同轴对称叠加、不同轴对称叠加、相交叠加和相切叠加。

1)不平齐叠加

不平齐叠加指两个基本形体叠加后,除连接表面外,两个形体再无公共表面。在视图中,两个基本形体在连接处存在分界线,如图 6 - 4(a)所示。

2)平齐叠加

平齐叠加指两个基本形体叠加后,除连接表面外,两个形体尚有其他表面共面。在视图中,两个基本形体在连接处不存在分界线,如图 6 - 4(b)所示。

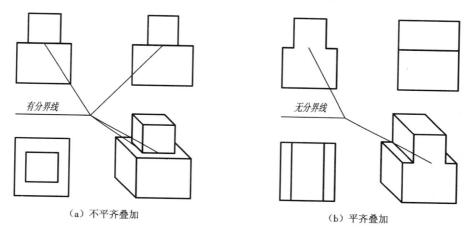

（a）不平齐叠加　　　　　　　　　　　　　　（b）平齐叠加

图 6 - 4　不平齐和平齐叠加组合体

3)同轴对称和不同轴对称叠加

同轴对称叠加指两个基本形体叠加后,具有公共的对称轴,如图 6 - 5(a)所示。与此相对应的是不同轴对称叠加,如图 6 - 5(b)所示。

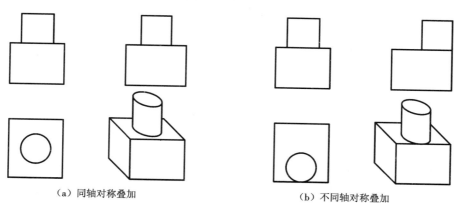

（a）同轴对称叠加　　　　　　　　　　　　　　（b）不同轴对称叠加

图 6 - 5　同轴对称和不同轴对称叠加组合体

4)相交叠加

相交叠加指两个基本形体叠加后,除结合面外,有其他相邻表面相交并产生交线,即前面章节所述的相贯线,在绘制视图时,注意相贯线并正确绘出,如图 6 - 6 所示。

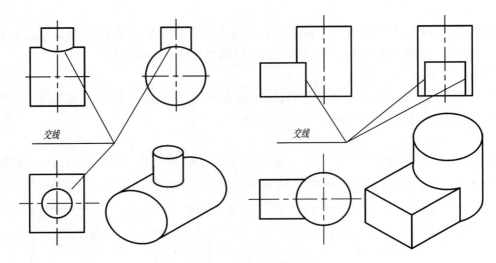

图 6 – 6　相交叠加组合体

5) 相切叠加

相切叠加指两个基本形体叠加后,除结合面外,其他相邻表面有相切的位置,相切处的组合面光滑过渡,没有分界线,在绘制视图时,相切处不绘制分界线,如图 6 – 7 所示。

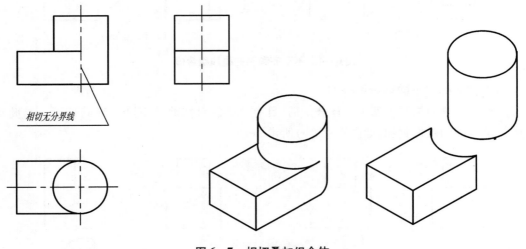

图 6 – 7　相切叠加组合体

2. 切割组合

切割组合是指某个形体是由切割形成,即原来一个整体形体被一些平面或曲面切割,在原来形体上产生一些新的基本形体形状的孔、洞、凹槽等。如图 6 – 8 所示的组合体相当于原来是一个四棱柱整体,切割去掉一个三棱柱之后再挖去一个四棱柱而组合形成。

3. 混合组合

混合组合是指最终的形体包含了叠加和切割两种组合方式。在日常生活和工程生产中所见到的建筑物、机件和各种产品的组合体大部分都比较复杂,但是都可以分解成一些基本形体,按照叠加和切割的混合方式组合而成。

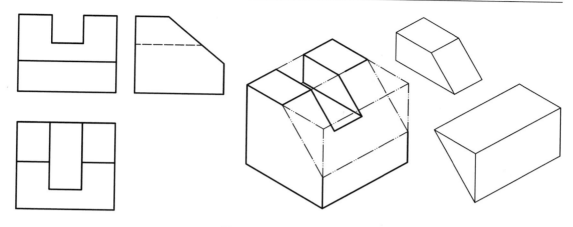

图 6 - 8　切割叠加组合体

6.2.2　组合体连接关系及投影表达特点

基本形体组合成组合体时,基本形体之间存在如下一些连接关系。

(1)两形体表面不共面:如图 6 - 4(a)所示,两形体除结合处之外,其他表面没有共面,在画视图时,注意画出分界线。

(2)两形体表面共面:如图 6 - 4(b)所示,两形体除结合处之外,其他表面有共面,在画视图时,注意两形体在共面的表面没有分界线。

(3)两形体前表面共面,后表面不共面

如图 6 - 9 所示,上下两个基本形体,前表面共面,后表面和左右表面不共面,在画主视图时,注意要画出上下两个形体后表面的分界线,且为虚线。

(4)两形体表面相交

如图 6 - 6 所示,两个形体相交,相交处产生相贯线,绘制视图时,注意绘制两个形体相交处的相贯线。

(5)两形体表面相切

如图 6 - 7 所示,两个形体的表面有相切的位置,相切处平滑过渡,没有分界线,在绘制视图时,注意在相切处不绘制分界线。

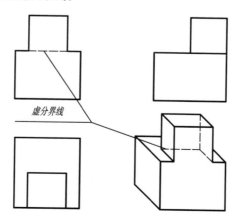

虚分界线

图 6 - 9　前表面共面,后表面不共面的组合体

6.3　组合体三视图的画法

画组合体三视图时,首先进行形体分析,确定组合体的组成及相互关系;其次需要根据形体的具体情况,选择合适的主视方向;再次根据形体的大小,选择合适的比例尺和图幅;最后进行三视图绘制。

形体分析是将复杂的组合体拆解为若干零散的简单基本形体,分析基本形体的形状、基本形体之间的相对位置、组合方式以及连接关系,以便于绘制组合体的三视图。

主视方向是指获得主视图的投射方向,主视方向的确定对其他视图的影响比较大。主视图也是三视图中比较重要的一个视图,主视方向的确定应该遵循如下一些原则:

(1)主视图应该能最大程度地反映组合体的整体形状特征、各个基本形体的形状特征以及相对位置关系;

(2)主视图应尽可能使组合体的主要表面和棱线与三视图的投影面平行或垂直,最大程度地反映组合体的表面和棱线的实形和实长;

(3)主视图中应该最大程度地减少虚线,甚至是没有,同时要保证其他视图中也最大程度地减少虚线;

(4)主视方向的选择最后还要考虑组合体的正常组装和安放状态。

主视方向确定之后,需要根据组合体的形状、大小和复杂程度以及表达的详细程度等因素,并结合国家标准选择适当的绘图比例尺和图幅。比例尺确定之后,需要根据三视图的面积和尺寸标注及标题栏所占位置综合确定图幅。有时候也可以先选定图幅,再根据三视图的布置位置、尺寸标注所占位置以及视图之间的间距和尺寸标注之间的间距,综合各种因素确定比例尺。

前面的准备工作做充分之后,可进行三视图的绘制。

例6.1　如图6－10(a)所示,已知组合体的轴测图,绘制三视图。

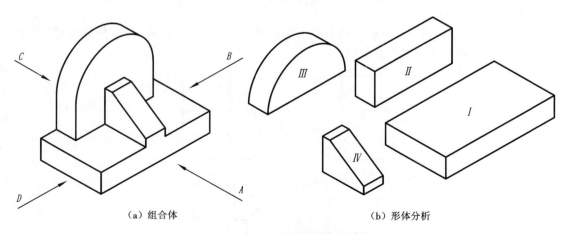

（a）组合体　　　　　　　　　　　　　　（b）形体分析

图6－10　组合体的形体分析

解题分析及作图过程

解题基本过程包括形体分析、选择主视方向、选择比例尺和图幅以及绘制三视图。

1. 形体分析

图 6-10(a)所示的组合体由图 6-10(b)所示的底板 I、支撑板 II、半圆柱 III 和肋板 IV 组合而成。这四部分主要以叠加方式组合,其中 I、II、III 的后表面共面,其他表面相交;I、IV 前表面共面,两侧相交;II、III 左右表面相切。

2. 选择主视方向

如图 6-10(a)所示的组合体已经按照常规组装或安放状态摆放,其中 A、B、C、D 四个投射方向都可以作为主视方向的选择。A 投射方向能反映底板、半圆柱、支撑板、肋板四部分的 B、D 方向和上下方向的相对位置和半圆柱的形状特征,缺点是不能反映四部分的前后相对位置和肋板的形状特征。B 投射方向能反映肋板的形状特征以及四部分在 A、C 方向和上下方向的相对位置,缺点是不能反映半圆柱的形状特征。C 投射方向所得主视图与 A 方向的主视图相反,而且会出现很多虚线,所以没有 A 投射方向作为主视方向好。D 投射方向所得主视图与 B 方向的主视图相反,如果作为主视方向,则会使左视图中出现很多虚线,所以没有 B 投射方向作为主视方向好。由上述分析可知,A 方向和 B 方向都可以作为主视方向,但是 A 方向要稍微优于 B 方向,A 方向还能反映 II、III 的连接关系。

3. 选择比例尺和图幅

根据该组合体的实际形状、大小以及三视图的表达精度,确定绘制三视图的图幅和比例尺,为了讲解方便和绘图简便,本例选择 1:1 绘制该组合体。

4. 绘制三视图

1)布置图面

将三视图所需的位置均匀地布置在图幅内,并画出对称中心线、轴线和定位基线等,以确定每个图形的位置,如图 6-11(a)所示。

2)绘制三视图底稿

根据形体分析和图面布置的基准线,逐个画出基本形体。画图顺序按照形体分析,先画主要形体,后画细节;先画可见的图线,后画不可见的图线;先画大形体,后画小形体;先画外轮廓,后画内部细节;先画曲线,后画直线。将各视图配合起来画,正确绘制各形体之间的相对位置,注意各形体之间表面的连接关系,如图 6-11(b)、(c)所示。

3)检查、整理

底稿图画完后,要进行仔细检查并整理。注意检查基本形体之间的相对位置、组合方式和连接关系。注意既不能多画线,也不能少画线,还要注意投影线的可见性。

4)描粗、加深

检查并整理无误后,擦去作图辅助线和多余的线,根据国家制图标准规定的线型加深加粗,最终结果如图 6-11(d)所示。描粗、加深的顺序需要按照先上后下、先左后右、先细后粗、先曲后直。当几种投影线重影时,需要按照粗实线、虚线、细点画线、细实线的顺序取舍。

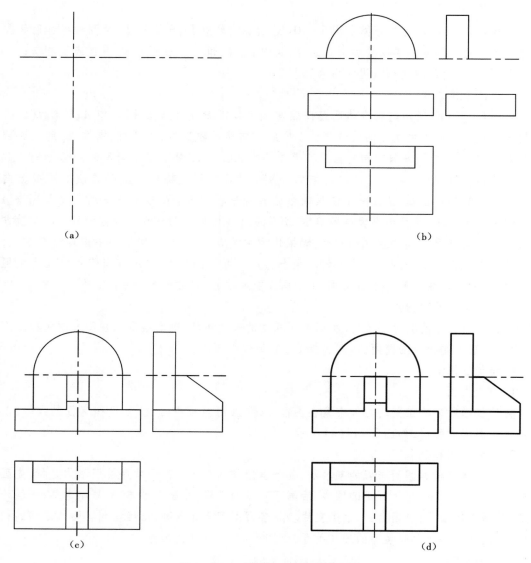

图 6 - 11　组合体三视图画图步骤

6.4　三视图尺寸标注

　　组合体的三视图表达了组合体的形状、基本形体的组合方式以及表面连接关系,但是每个基本形体的大小以及基本形体之间的相对位置关系,需要在图上标注尺寸来说明,以便阅图者完全清楚了解组合体的形状和大小,因此三视图绘制完成后需要进行尺寸标注。组合体三视图尺寸标注的基本方法仍是形体分析法。

6.4.1　组合体尺寸标注的基本原则

　　组合体三视图尺寸标注的总体思想是清楚说明组合体的大小,使阅图者或者施工者、加工者能够完全掌握和了解组合体尺寸。为此组合体尺寸标注需要遵循如下一些基本原则：

（1）尺寸标注要符合国家制图标准的相关规定，尺寸要完整，不能遗漏任何一个尺寸，也不能多标注任何一个尺寸，尺寸标注要准确无误；

（2）尺寸标注的是组合体的真实大小，与组合体三视图绘制比例和绘图准确性无关；

（3）尺寸标注要布置合理，保持图面清晰，以方便阅图；

（4）尺寸标注要合理。

6.4.2　组合体三视图中的尺寸种类

根据组合体三视图中所标注尺寸的作用或功能，可以将组合体的尺寸分类如下：

（1）定形尺寸，说明组合体中每个基本形体形状大小的尺寸；

（2）定位尺寸，说明组合体中各个基本形体之间的相对位置的尺寸；

（3）总体尺寸，说明组合体总长、总宽、总高的尺寸；

（4）尺寸基准，是所有尺寸标注的起点或基准点。

在尺寸标注中，尺寸基准也是一个非常重要的概念。标注尺寸时，需要在组合体长、宽、高的三个方向分别选定尺寸基准。通常选择组合体的底面、大端面、对称面或回转体的中心轴线等作为尺寸基准。

6.4.3　基本形体的尺寸标注

组合体由基本形体组成，要掌握组合体的尺寸标注，需要先熟悉基本形体的尺寸标注。图 6－12 为棱柱、棱锥、圆柱、圆锥等基本形体的定形尺寸的标注方法。图 6－13 为基本形体的简单变形体的尺寸标注。

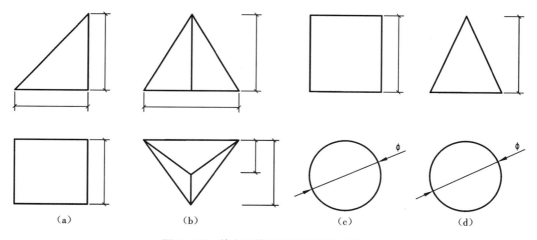

（a）　　　　　（b）　　　　　（c）　　　　　（d）

图 6－12　基本形体定形尺寸的尺寸标注

6.4.4　组合体的尺寸标注

组合体标注尺寸时，首先需要进行形体分析，熟悉组合体由哪些基本形体组成；其次分析各个部分的定形尺寸和相互位置的定位尺寸；再次选择尺寸基准，依次标出组合体的定形尺寸、定位尺寸和总体尺寸；最后检查调整尺寸标注。组合体某个方向的总体尺寸可能作为

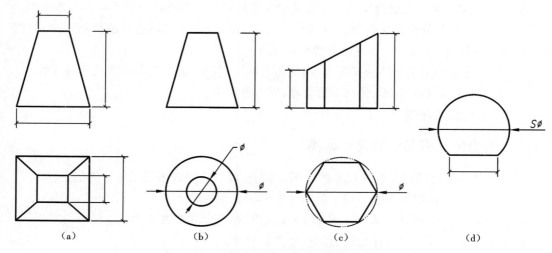

图 6 - 13　基本形体简单变形体的尺寸标注

某个基本形体的定形尺寸出现。如果缺少某个方向的总体尺寸,可以进行调整标注。为了标注总体尺寸,并且保证尺寸不重复,可以在标注总体尺寸的方向上减少某个形体的定形尺寸或定位尺寸。

　　例 6.2　如图 6 - 14(a)所示,已知组合体的轴测图,绘制三视图并标注尺寸。

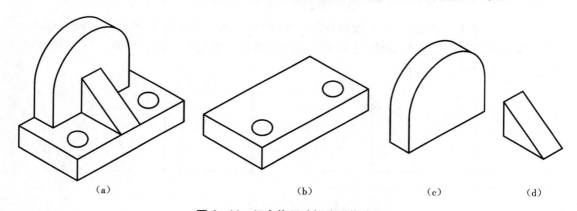

图 6 - 14　组合体尺寸标注形体分析

解题分析及作图过程

　　本例重点讲述尺寸的标注方法,三视图的绘制过程请参考例 6.1,本例不再赘述。尺寸标注基本过程包括形体分析、基本形体定形定位、选择尺寸基准、尺寸标注和检查调整。

　　1. 形体分析

　　通过形体分析,图 6 - 14(a)所示组合体可分解为底板、挡板和肋板三部分,如图 6 - 14(b)、(c)和(d)所示。

　　2. 基本形体定形定位

　　组合体分解为底板、挡板和肋板三部分后,每部分的定形尺寸、定位尺寸分析如下。

　　1)底板

　　底板尺寸如图 6 - 15(a)所示。

定形尺寸:长60,宽33,高10,圆柱孔直径ϕ10。

定位尺寸:20,23,40。

2)挡板

挡板尺寸如图6-15(b)所示。

定形尺寸:长42,宽10,半圆柱底面半径R21。

定位尺寸:17。

3)肋板

肋板尺寸如图6-15(c)所示。

定形尺寸:长10,宽23,高17。

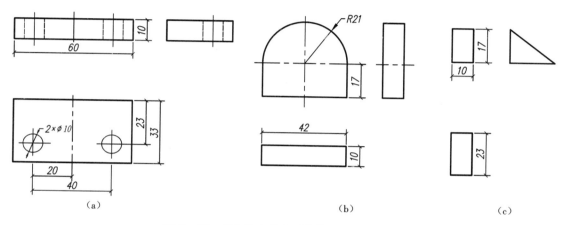

（a）　　　　　　　　　　　　　（b）　　　　　　　（c）

图6-15　组合体中基本形体的定形定位尺寸

3.选择尺寸基准

该组合体所有基本形体在总体上左右对称,因此长度方向的尺寸基准选择组合体的左右对称面;底板和挡板的后表面共面,因此宽度方向的尺寸基准选择底板和挡板的后表面;该组合体的组合方式是上下叠加,考虑该组合体的实际安放情况,因此高度方向的尺寸基准选择底板的底面。

4.尺寸标注

依次标注组合体的定形、定位和总体尺寸,主要以基本形体的定形尺寸和基本形体之间的定位尺寸为依据。

5.检查调整

首先要检查尺寸标注有没有遗漏和重复的。特别需要注意,截交和相贯产生的交线不标注尺寸,因为这些交线由形体的相对位置确定。该组合体的尺寸标注结果如图6-16所示,在尺寸调整时,为了标注组合体的总高,并且不重复标注,去掉了挡板半圆柱圆形的定位尺寸。

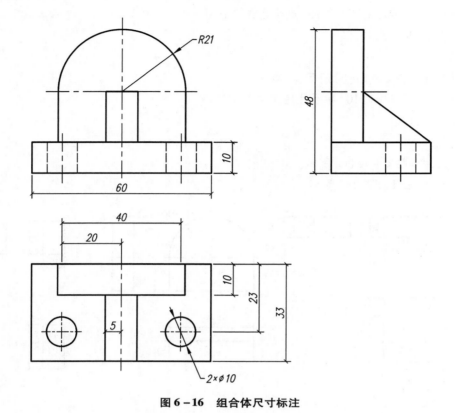

图 6 - 16　组合体尺寸标注

6.4.5　尺寸标注注意事项

　　组合体尺寸标注要保持清晰,便于阅读,需要注意以下事项。

　　(1)尺寸应尽量标注在能反映形体特征形状的视图上,尽量避免标注在虚线视图上,如图 6 - 16 中的 ϕ10 和 R21。

　　(2)表示同一形体或结构的尺寸应尽量集中标注,如图 6 - 16 中主视图中的底板 60 和 10 以及俯视图中底板上圆柱孔的 ϕ10、20 和 40。

　　(3)尺寸标注应尽量在图形之外标注,如图 6 - 15 中的大部分尺寸。但是为了避免尺寸界线过长或与过多的图线相交,在不影响图面清晰的前提下,也可以在视图内部标注,如图 6 - 16 中俯视图中肋板的尺寸 5。

　　(4)与两个视图有关的共有尺寸,应尽量标注在两个视图中间,如图 6 - 16 中长度方向的尺寸 60、40、20。

　　(5)尺寸标注布置要恰当,排列要整齐。在标注同一方向的尺寸需要分排标注时,几排之间的间隔尽量均匀,由小到大、由内到外排列,避免尺寸线与尺寸界线相交,如图 6 - 16 中俯视图中宽度方向的尺寸 10、23、33。

6.5　组合体三视图的阅读

　　组合体画图和读图关系紧密。画图是将脑海中想象或设计好的形体根据正投影法画出三视图;读图则是根据已经画好的三视图,应用投影规律和制图规则,综合三视图表达的信息,通过空间想象,理解空间形体的空间形状。可见画图和读图是一个互逆过程,都是提高空间想象力和投影分析能力的重要手段。组合体读图是学习本课程的主要目的之一,也是难点之一,需要给予重视并熟练掌握。

6.5.1　组合体读图基本要领

1.三视图相互参照阅读

无论是基本形体还是组合体,一个视图或两个视图可能不能完全确定形体的形状,因此组合体读图时需要两个以上视图联系起来阅读。一般主视图最能反映组合体的形状特征,在读图时从主视图出发,联系其他视图综合分析,切忌只看一个视图就对组合体形状下结论。

图 6 – 17 所示视图中,俯视图完全相同,而主视图则表明组合体各不相同。

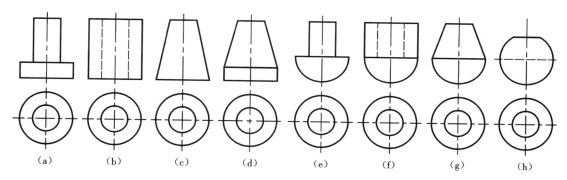

图 6 – 17　俯视图相同的不同组合体

图 6 – 18 所示视图中,俯视图和主视图完全相同,而左视图则表明组合体各异。

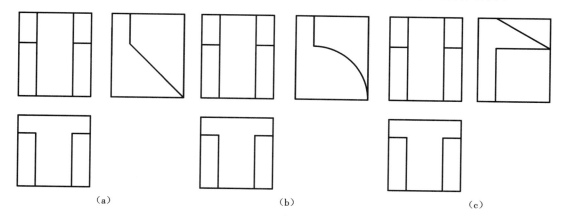

图 6 – 18　俯视图和主视图相同的不同组合体

读图时必须将几个视图联系起来,互相对照分析,才能准确地构建出组合体的真实形状。将几个视图联系起来互相对照分析的关键是抓住特征视图,特征视图中的特征主要包括形状特征和位置特征。图 6 – 17 的主视图是形状特征视图,图 6 – 18 的左视图是形状特征视图,上述实例说明了抓形状特征视图的重要性。

如图 6 – 19 所示，如果只看主视图和俯视图很难确定组合体的形状，只有将三个视图联系起来，并抓住左视图中的位置特征，才能完全理解组合体的形状。该例说明了抓位置特征视图的重要性。

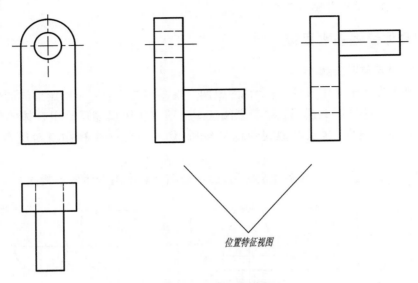

图 6 – 19　位置特征视图

2. 分析三视图中图线的含义

三视图中的图线，代表形体上三种不同情况的投影：

（1）平面或曲面的积聚投影；

（2）两个面（平面与平面、平面与曲面、曲面与曲面）交线的投影；

（3）曲面投影的轮廓线。

如图 6 – 20（a）所示，I 是组合体曲面的轮廓线的投影；II 是组合体面的交线投影；III 是组合体平面或曲面的积聚投影。

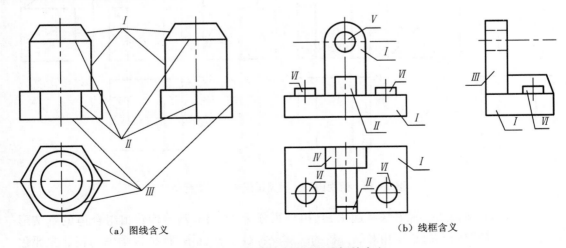

（a）图线含义　　　　　　　　　　　（b）线框含义

图 6 – 20　三视图中图线和线框的含义

3. 分析三视图中图线围成的区域(线框)的含义

三视图中每个线框区域,代表形体上六种不同情况的投影:

(1)平面的实形投影;

(2)平面的相仿性投影;

(3)组合面(平面与曲面组合)的投影;

(4)曲面的投影;

(5)孔的投影;

(6)凸台的投影。

如图6-20(b)所示,Ⅰ是平面的实形投影;Ⅱ是平面的相仿性投影;Ⅲ是组合面的投影;Ⅳ是曲面的投影;Ⅴ是孔的投影;Ⅵ是凸台的投影。

4. 多思多想,反复比对

三视图阅读是通过组合体三视图想象组合体的空间形状,是三视图画图的逆过程,三视图画图是将想象的空间形体绘制出三视图。无论读还是画都需要有空间想象力,而这种空间想象力需要通过大量阅读或绘制组合体三视图的实践才能提高和发展。对于初学者而言,读图过程中需要多思多想、反复比对揣摩,不断地将想象出来的空间形体与给定的三视图比对,边比对边修正想象中的空间形体,直至二者完全对应。这样读图才能提高空间想象力,收到良好效果。

6.5.2　组合体读图基本方法

1. 形体分析法

形体分析法是组合体读图最基本的方法之一。一般从最能反映组合体形状特征的主视图入手,通过阅读线框划分组合体由几部分(基本形体)组成,初步分析这些基本形体的组合方式和连接关系;然后按照投影规律,逐个找出基本形体在三个视图中的投影,分析并确定基本形体的形状和相对位置;最后综合起来想象组合体的整体形状。

如图6-21(a)所示,由组合体三视图中主视图和俯视图明显可以看出形体分左、中、右三部分,由左视图可以看出形体的形状特征,左、右两部分是五棱柱,中间部分是多棱柱。画出各部分基本形体的三视图,如图6-21(b)、(c)所示,左视图反映了它们的形状特征。综合起来分析可以想象出一个台阶的组合体,如图6-21(d)所示。

图6-22(a)所示组合体给出了主视图和俯视图,通过两个视图联系对应分析,可知该组合体是一个由切割组合方式形成的组合体,基本形体是一个四棱柱,被切割了两次。第一次在四棱柱中前上部切去一个半圆柱,第二次在四棱柱中后上部切去了一个小四棱柱。图6-22(b)是该组合体的立体图,图6-22(c)、(d)是被切去的基本形体。

2. 线面分析法

线面分析法就是利用空间线、面的投影规律,分析三视图中每条线和每个线框的空间含义及其之间的相互关系,帮助阅图者读懂和想象出组合体的形状。

使用线面分析法的前提是熟练掌握线面的投影规律。如空间形体上投影面平行面的投影具有实形性和积聚性,投影面垂直线的投影具有实长性和积聚性,投影面垂直面和一般位置面的投影具有相仿性,投影面平行线的投影仍然平行。

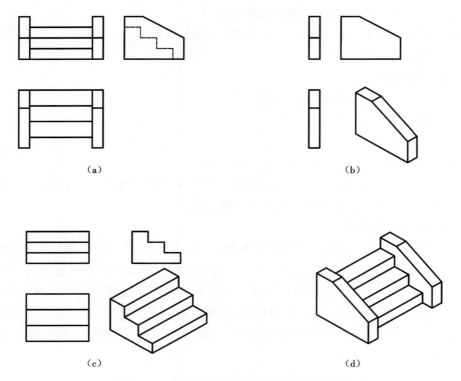

（a）　　　　　　　　　　　　　　　　　　（b）

（c）　　　　　　　　　　　　　　　　　　（d）

图 6 – 21　叠加组合体三视图读图形体分析

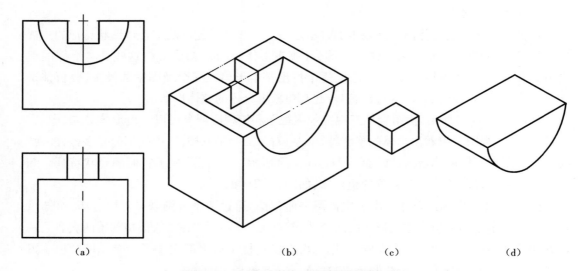

（a）　　　　　　　　　（b）　　　　　　（c）　　　　　　（d）

图 6 – 22　切割组合体三视图读图形体分析

　　如图 6 – 23（a）所示切割组合体，给出了主视图和俯视图两个视图。通过形体分析，从反映形体特征的主视图中可知有两个线框，联系俯视图综合分析可知形体由左右两部分组成。右半部分形体比较简单，容易想象，可知是一个五棱柱。左半部分不容易想象，需要结合线面分析法，通过线面投影规律分析每条线和每个线框在空间上的实际意义，想象空间形状。如图 6 – 23（b）所示，组合体左半部分的俯视图由 3 个线框组成，主视图由 1 个线框组成,联系主视图并结合线面投影规律,可知俯视图中 3 个线框代表的空间面在主视图中,一个面的投影积聚(面 1,见图 6－23(c)),另外两个面的投影体现相仿性并重影(面 2 和面 3,见图 6－23(d))。由于面 2 和面 3 的底边是侧垂线,所以面 2 和面 3 是侧垂面。左半部分底面是矩形,右侧是三角形,可以判断组合体左侧是一个斜四棱柱。将左、右两部分综合起来分析,可以想象出该组合体的空间形状如图 6－23(f)所示。

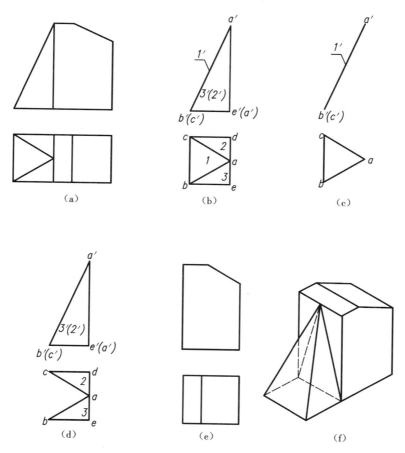

图 6－23　切割组合体三视图读图线面分析

6.5.3　组合体读图基本步骤

对于组合体视图的阅读,无论怎么阅读,总体思想是严谨认真,总体目标是看懂,想象出组合体的空间形状。但是对于初学者,为了提高读图水平,需要遵循如下一些读图基本步骤。

1. 略读、抓特征视图

将所给视图联系起来综合粗略阅读,根据视图投影规律,对形体的形状进行初步了解。在粗略阅读、初步了解的过程中,要抓住视图中的特征视图,通过特征视图快速了解形体的大体形状。抓特征视图包括抓形状特征和位置特征。

2. 形体分析

在略读的前提下采用形体分析法,并根据投影规律将形体进行假想拆解,分析基本形体之间的组合方式、面与面之间的连接关系以及基本形体之间的相对位置。拆解过程中对于组合方式首先要考虑拆解叠加方式,再考虑切割方式,最后考虑相交方式。拆解过程中对于形体的难易程度要由易到难,先考虑规则的、常见的形体。

3. 综合分析并想象

通过略读和形体分析后,对基本形体的形状、大小和基本形体之间的相对位置有了一定的认识之后,便可综合分析并想象。综合分析的过程基本上是形体分析的一个逆过程,将拆解出来的基本形体按照组合方式、连接关系和相对位置进行假想组装,想象形体的整体形状。

4. 线面分析

形体分析和综合分析并想象之后,对于复杂的组合体,可能在某些局部还比较模糊,形体想象得不够清晰,这时候采用线面分析法详细分析该局部细节。采用线面分析是对局部的每条图线和线框根据投影规律分析在空间上的几何含义。

5. 检验、核对

通过前述步骤,脑海中已经有了形体的形状,最后还需要进行检验核对。将脑海中的形体与所给视图进行详细比对,检验读图是否正确,发现矛盾的地方,要重新分析、修正,直至完全可以和视图对应。

虽然三视图阅读以想象出形体的形状为最终目标,但对于初学者来说需要遵循如上步骤,逐渐提高空间想象力。概括起来就是:看视图抓特征—形体分析并拆解形体—综合分析并想象组装形体—线面分析攻克局部细节—检验核对形体与三视图是否对应。

6.6　组合体三视图读画训练

组合体三视图的读画训练可以提高空间想象力和空间思维能力。本节将从几个例题出发讲解组合体的三视图读画训练。训练方式将从两个角度出发,即根据组合体两视图补画第三视图和补画三视图中所缺的图线。

6.6.1　已知组合体两视图补画第三视图

已知组合体两视图补画第三视图是训练三视图读画能力的一种基本方法。在作图过程中,除了根据已知视图读懂组合体的形状外,还要根据投影规律正确地画出第三视图。在这个过程中包含了由图想物和由物画图的反复空间思维的过程。因此,这种方法是提高读画能力、培养空间想象力的一种有效手段,读者应多做这方面的练习。

例 6.3　已知组合体的主视图和俯视图如图 6 - 24(a)所示,补画组合体的左视图。

解题分析及作图过程

首先阅读已知视图(按照例 6.2 的步骤),理解想象形体;其次绘制所求视图(按照例 6.1 的步骤)。

1. 形体分析

分析给出的两个视图,其主视图反映了形体的组合方式是叠加组合,可以划分出 3 个线框,说明组合体由 3 部分叠加组合而成,如图 6 - 24(b)所示。联系俯视图综合分析可知,组

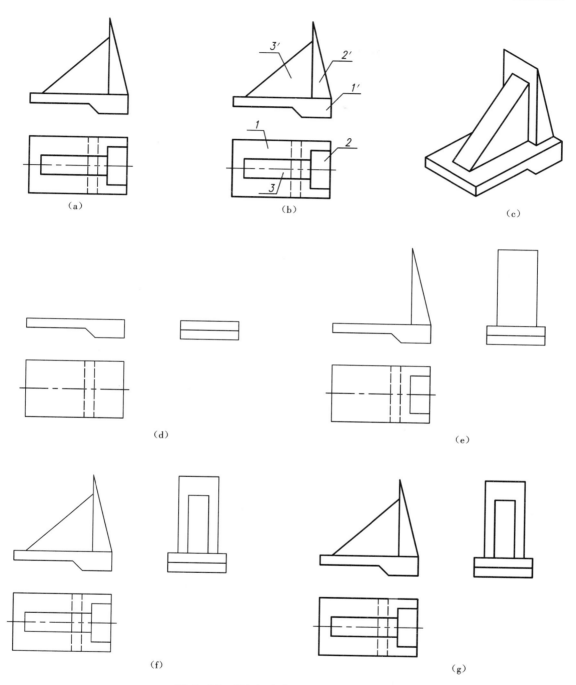

图 6 - 24　叠加组合体三视图读画训练 1

合体的 3 部分分别是下面的底板、左侧的立板和右侧的支撑板。

2. 线面分析

通过投影规律分析可知,底板是一个六棱柱,即扁平的四棱柱的底部被挖掉一块四棱柱;立板是一个三棱柱;支撑板是一个三棱柱。

3. 连接关系分析

通过主视图和俯视图联合分析可知,组合体中 3 部分的相邻表面连接关系是不共面关系。

4. 定位分析

从位置关系上看,立板和支撑板叠加在底板上表面之上,立板立于底板上表面左侧,支撑板立于立板右侧表面及底板上表面的中轴线上。

根据上述分析,可以综合想象出组合体的完整形状,如图 6 - 24(c)所示。

5. 绘制视图

在分析过程中,也可以边分析边画图。图 6 - 24(d)、(e)和(f)表示了读图和画图的整个过程,在补画完每一部分之后,检查相互之间的连接关系是否正确,是否有多画、少画或虚实不对的地方。检查无误后,加深图线,结果如图 6 - 24(g)所示。

例 6.4 已知组合体的主视图和左视图如图 6 - 25(a)所示,补画其俯视图。

解题分析及作图过程

首先阅读已知视图(按照例 6.2 的步骤),理解想象形体;其次绘制所求视图(按照例 6.1 的步骤)。

1. 形体分析

分析给出的两个视图,可以得知该组合体的组合方式是切割组合,是将一个长方体切割多次而形成的组合体。首先画出初始长方体,如图 6 - 25(b)所示。

2. 线面分析、连接关系分析、定位分析

从主视图分析可知,长方体的左上部被一个正垂面切掉一个三棱柱角,如图 6 - 25(c)所示;从左视图分析并联系主视图综合分析可知,第一次切割完之后的形体的右上部被前后对称的水平面和正平面切掉两个四棱柱角,如图 6 - 25(d)所示;从左视图分析并联系主视图综合分析可知,第二次切割完之后的形体的左侧中部被挖掉一个四棱柱,如图 6 - 25(e)所示;最终形体左侧倾斜表面的空间形状和投影图如图 6 - 25(f)所示。由此可以综合分析并想象该组合体的整体形状如图 6 - 25(e)所示。

3. 绘制视图

图 6 - 25(b)、(c)、(d)和(e)是俯视图的作图过程。在补画俯视图时,先补画出形体切割前的俯视图,然后按组合体的切割过程,逐一切割,每切割一次,修正一次视图,每次修正图线时一定要注意已有图线哪些需要改动,是增加、删除还是虚实变化。待按次数、顺序、逐一切割完毕,按相应要求所作的俯视图即完成。

4. 检验、核对和描实

为了检验核对所画俯视图是否正确,往往要对组合体上的那些投影面的垂直面进行投影分析。图 6 - 25(f)中对组合体的 A 表面进行了投影规律分析。A 面是正垂面,其水平投影 a 和左侧投影 a″ 一定是相仿形,而且边数、顶点数完全相同,各边保持平行性。检验核实无误后,进行加粗描实。

6.6.2　补画三视图中所缺的图线

补画三视图中所缺的图线是三视图读画训练的另一基本方法。这种训练方法往往是在

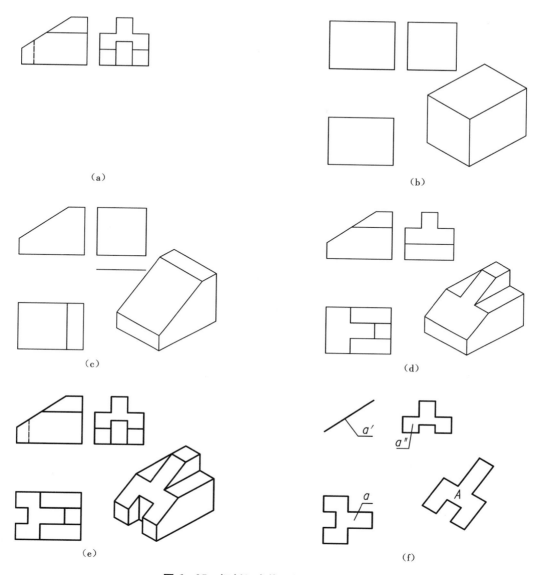

图 6-25　切割组合体三视图读画训练 2

一个视图或两个视图中将组合体的某个局部细节给出,而在其他视图中遗漏相应的图线,训练读者把视图中遗漏的局部结构的投影线补全。这种训练再次说明组合体三视图是相互联系对应的,组合体的每个局部细节结构在三个视图中都有所体现,进一步强调绘三视图要对应同时画,切忌一个视图一个视图画和画完一个视图再画一个视图,那样作图速度会慢,而且容易遗漏局部细节结构。

例 6.5 如图 6 – 26(a)所示,补全组合体三视图中所缺图线。

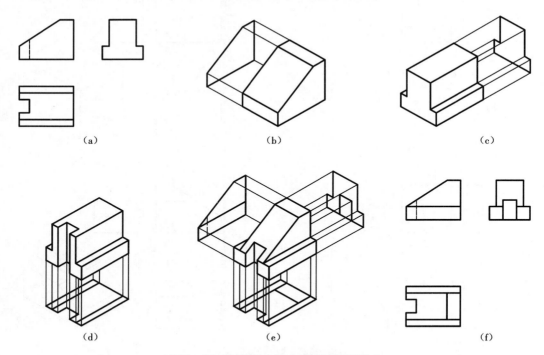

(a)　　　　　　　　(b)　　　　　　　　(c)

(d)　　　　　　　　(e)　　　　　　　　(f)

图 6 – 26 切割组合体三视图读画训练 3

解题分析及作图过程

1. 形体分析、线面分析、连接关系分析、定位分析和综合分析

综合三视图分析可知,该形体的组合方式是切割组合。从主视图可知,该形体是一个四棱柱的左上角被切去一个三棱柱角,形成一个侧垂面,如图 6 – 26(b)所示;从左视图结合俯视图分析可知,该四棱柱形体上部前后对称切掉两个四棱柱,形成两个正平面和两个水平面,如图 6 – 26(c)所示;从俯视图和主视图联系分析可知,该四棱柱左侧中部被切去一个四棱柱,形成两个正平面和一个侧平面,如图 6 – 26(d)所示。将三次切割综合起来分析可知,组合体的整体形状如图 6 – 26(e)所示。

2. 补绘视图

按照三视图投影规律,逐一补画三视图中缺少的图线,如图 6 – 26(f)所示。

6.7　基本视图和辅助视图

三视图虽然可以确定形体的形状和大小,但是有时候可能因为视图中有很多虚线,使视图表达的形体不够清晰,需要增加辅助表达手段。在工程制图中将视图分为基本视图和辅助视图。

6.7.1　基本视图

1. 基本视图的形成

国家制图标准规定,在原来的三面投影体系中的三个投影面的对面分别增加一个投影面,形成六个投影面,称作基本投影面。形体在六个投影面中的投影,在工程制图中称作基本视图。这六个基本视图,除前文所述的主视图、俯视图和左视图外,还有分别与它们对应的从右向左投影的右视图、从下向上投影的仰视图和从后向前投影的后视图,如图 6 – 27 所示。

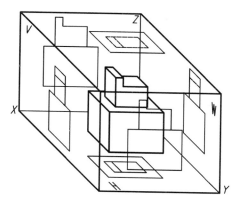

图 6 – 27　基本视图的形成

后视图、仰视图和右视图同样在不同的专业领域有不同的称呼,后视图还可以称作背立面图或背面图,仰视图称作底面图,右视图称作右侧立面图或右立面图。

2. 基本视图的展开

基本视图投影形成之后,为了画在同一个平面内表达形体,需要将六个投影面展开到同一个平面内,主视图、俯视图和左视图的展开规则同前面章节一样,仰视图向上翻转 90°,右视图向左旋转 90°,后视图向右旋转 180°,全部旋转到和主视图处于同一个平面位置,如图 6 – 28(a)所示。

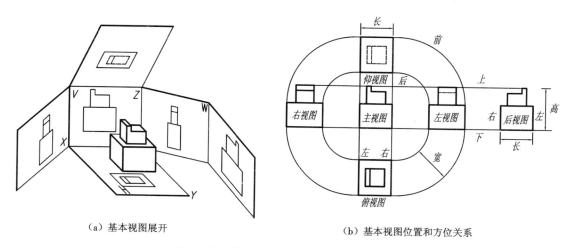

　　　（a）基本视图展开　　　　　　　　　　　　（b）基本视图位置和方位关系

图 6 – 28　基本视图展开及位置和方位关系

3. 基本视图的位置及方位关系

国家制图标准规定,六个基本视图展开后的标准配置位置如图 6 – 28(b)所示。投影之间的位置关系仍然是符合"长对正、高平齐和宽相等",每个视图表达的方位关系如图 6 – 28

（b）所示。在同一图纸内，如果按照国标规定的标准位置配置，六个基本视图可不标注视图的名称。

4. 向视图

六个基本视图的标准摆放位置往往会浪费图面的空间，而且给图面均匀布置也带来很大困难。为了便于表达形体，工程制图中引入了向视图的概念。

向视图可以自由配置视图的位置，但是需要在视图上方或下方标出图名，并在相应的其他视图上标明该视图的投射方向及投射方向的名称，投射方向名称需与视图名称同名，如图 6 - 29 所示。

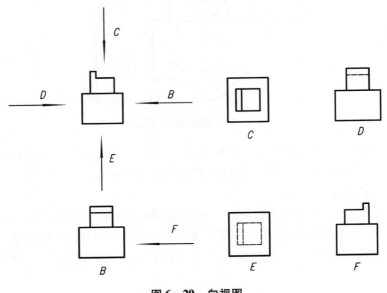

图 6 - 29　向视图

6.7.2　辅助视图

工程制图上的辅助视图包括局部视图和斜视图等。

1. 局部视图

局部视图是将形体的某一部分向基本投影面投射所形成的视图，如图 6 - 30（b）、（c）所示。如图 6 - 30（a）所示，形体的主视图和俯视图已经将形体的整体结构表达清楚，如果左视图或右视图再完全绘制，就会做很多多余的工作，只需将左视和右视方向的局部位置表达清楚就可以了，这时可以绘制局部视图。

局部视图的位置配置可以按基本视图的标准位置配置，如图 6 - 30（b）所示；也可以按照向视图的方式配置，如图 6 - 30（c）所示。

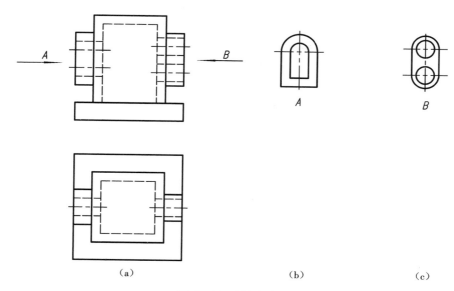

（a）　　　　　　　　　　　　　（b）　　　　　（c）

图 6 – 30　局部视图

2. 斜视图

形体上如果存在与基本投影平面都不平行的结构表面,向基本投影面作视图,视图将不能反映实形或真实尺寸。为了将这些部分的真实形状表达出来,可以设置一个与该结构表面平行的辅助投影面,将该部分结构向该投影面作正投影,获得的视图称作斜视图,如图6 – 31 所示。

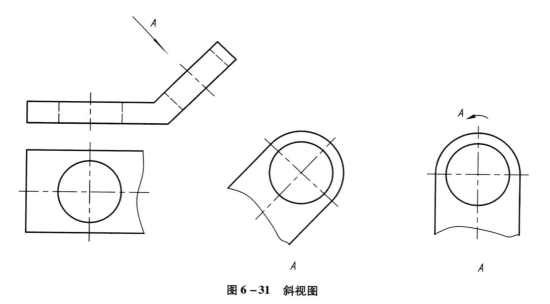

图 6 – 31　斜视图

需要注意的是,斜视图也是形体局部位置的视图,因此作图方法和视图标注与局部视图相同。只是有时候为了节省制图幅面空间,斜视图有时候可以旋转,但是旋转后的视图需要标明旋转方向,且旋转角度不能大于90°。

第7章 剖面图和断面图

7.1 剖面图

7.1.1 剖面图的形成

画形体的投影图时,形体内部的结构及被遮挡的部分外形需用虚线画出,因此对于内部形状或构造比较复杂的形体,势必在投影图上出现较多的虚线,而虚线多了会给读图带来困难,又不便于标注尺寸。如图7-1所示,形体正立面图和平面图中的虚线即为此例。为了解决这个问题,工程中常采用作剖面图的方法,即假想将物体剖开,使原来看不见的内部结构成为可见。

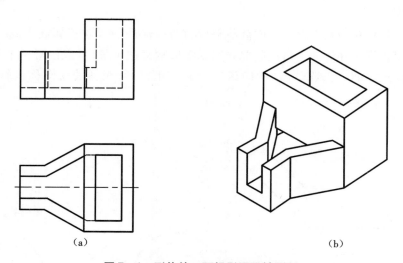

（a）　　　　　　　　　　　　（b）

图7-1　形体的二面投影图及轴测图

假想用剖切面剖开形体,将处在观察者和剖切面之间的部分移去,将其余部分向相应的投影面投射,所得图形称为剖面图,简称剖面。如图7-2所示,假想用平面 P 将形体沿前后对称面切开,移去平面 P 前面的部分,将剩余部分向 V 面作投影,就得到了形体的 V 面剖面图。在剖面图上形体内部形状变为可见,原来不可见的虚线画成实线,为了分清楚形体剖切面与形体的接触部分（称为剖面区域）以及未接触的部分,在剖面区域内画上通用剖面线（45°细斜线）。

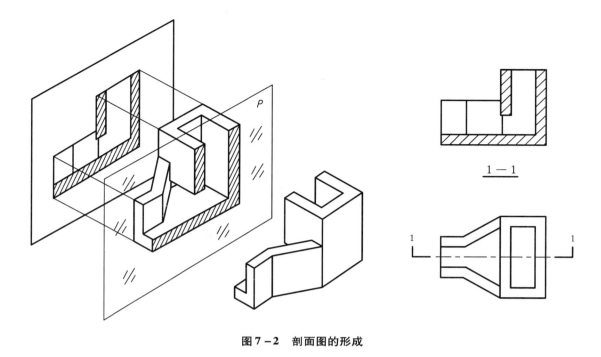

图 7 - 2　剖面图的形成

7.1.2　剖面图的画法

1. 剖切位置

剖切平面的位置应根据表达的需要来确定。一般情况下,剖切平面应平行于剖面图所在的投影面,且尽量通过形体的孔、槽等不可见部分的中心线,以便完整清晰地表达内部形状。如果形体具有对称平面,则剖切平面应通过该对称平面,如图 7--2 所示。

2. 剖面区域表示法

在剖面区域内,若不需要表示出材料的类别,可采用通用剖面线表示。通用剖面线用细实线绘制,并最好与剖面图的主要轮廓线或剖面区域内的对称线成 45°角,如图 7 - 3 所示。同一物体各剖面图中的 45°线的方向、间距应相同。

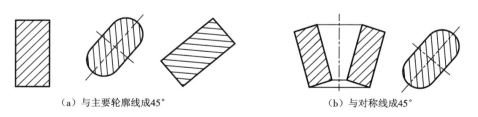

（a）与主要轮廓线成45°　　　　　　　　　　（b）与对称线成45°

图 7 - 3　剖面区域表示法（一）（通用剖面线的画法）

为了方便、快捷、清楚地表达某些剖面图,当剖面区域较大时,允许沿着剖面区域的轮廓画出部分剖面线,如图 7 - 4（a）所示;允许在剖面区域内用点阵或颜色代替通用剖面线,如图 7 - 4（b）所示,剖面区域内注写数字、字母等处的点阵或颜色必须断开;允许采用加粗轮廓线的方法突出表示剖面区域,如图 7 - 4（c）所示;窄剖面区域可全部涂黑表示,如图 7 - 4

（d）所示；相邻两剖面区域之间必须留有不小于 0.7 mm 的间隙，如图 7 –4（e）所示。

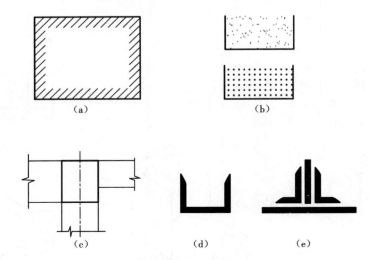

图 7 –4　剖面区域表示法（二）

3. 剖面图的标注

为了明确剖面图与有关视图的关系，一般在剖面图及相应的视图上加以标注，注明剖切位置、投影方向和剖面图名称。

1）剖切符号

剖切符号由剖切位置线和投射方向线组成，均应以粗实线绘制。剖切位置线的长度宜为 6 ~ 10 mm；投射方向线应垂直于剖切位置线，长度应短于剖切位置线，宜为 4 ~ 6 mm，如图 7 –5 所示。绘制时，剖切位置符号不应与其他图线相接触。

剖切符号的编号宜采用阿拉伯数字，按顺序由左至右、由上至下连续编排，并注写在投射方向线的端部，如图 7 –5 所示。

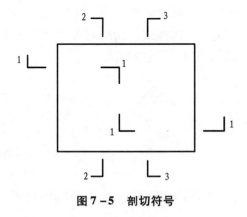

图 7 –5　剖切符号

需要转折的剖切位置线应在转角的外侧加注与该剖切符号相同的编号，如图 7 –5 所示。

2）剖面图的图纸编号

剖面图如与被剖切图样不在同一张图纸内，可在剖切位置线投射方向的另一侧注明其剖面图所在图纸的编号,如图 7 - 6 所示,也可在图上集中说明。

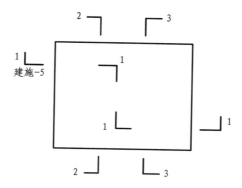

图 7 - 6　剖面图的图纸编号标注

3)剖面图的名称

剖切后所得到的剖面图一般应注写图名,图名应与剖切符号的编号一致,宜采用阿拉伯数字,注写在剖面图的下方,并在图名下画一条粗实线,其长度以图名所占长度为准,如图 7 - 2 所示。

如果剖面图与被剖切视图之间按投影关系配置,剖面图也可不标注图名。

4. 画剖面图的注意事项

(1)由于剖面图的剖切是假想的,实际上形体并没有被剖开,所以把一个视图画成剖面图后,其他视图仍应完整画出,而且也不影响其他视图画剖面图。如图 7 - 7 所示,正立面图画剖面图后,不影响其平面图的完整性。

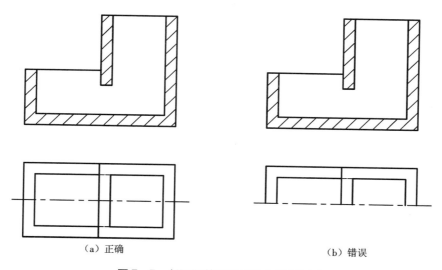

(a) 正确　　　　　　　　　　　　　(b) 错误

图 7 - 7　剖面图的正确画法与错误画法

(2)画剖面图时,在剖切面后方可见的轮廓线都应画出,不能遗漏,也不可多线,如图 7 - 8 所示。

(3)为了使视图清晰,在剖面图上可省略不必要的虚线。如果必须画出虚线才能清楚地表示形体,仍应画出虚线。如图 7 - 9 所示,只有保留剖面图中的虚线,才能确定台面的位置。

（4）当剖切平面通过支撑板及轮辐窄面的对称轴时,该部分按不剖绘制。如图 7 - 10 所示,正面剖面图中,基础加劲肋按不剖绘制。

（5）《房屋建筑制图统一标准》(GB/T 50001—2010)规定:被剖切面切到部分的轮廓线 用粗实线绘制,剖切面没有切到但沿投射方向可以看到的部分用中粗实线绘制。

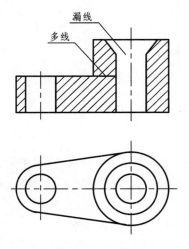

图 7 - 8　剖面图中的漏线和多线

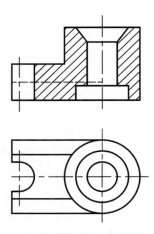

图 7 - 9　剖面图中必要的虚线

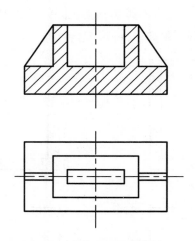

图 7 - 10　加劲肋的剖面表示法

7.1.3　常用的剖切方法

按剖切平面的多少和相对位置,常用的剖切方法可分为一个剖切面剖切、两个或两个以 上平行的剖切面剖切、两个或两个以上相交的剖切面剖切三种。

1. 用一个剖切面剖切

这种剖切方法适用于仅用单个平面剖切形体后,就能把相应方向的内部构造表达清楚 的形体,如图 7 - 2 所示。

2. 用两个或两个以上平行的剖切面剖切

当形体的内部形状变化不止一处,而位置前后、上下或左右是错开的,一个剖切面不能将形体需要表达的内部都剖切到时,可用两个或两个以上相互平行的剖切面剖切形体,如图 7−11 所示。这种剖面图习惯上称为阶梯剖面图。

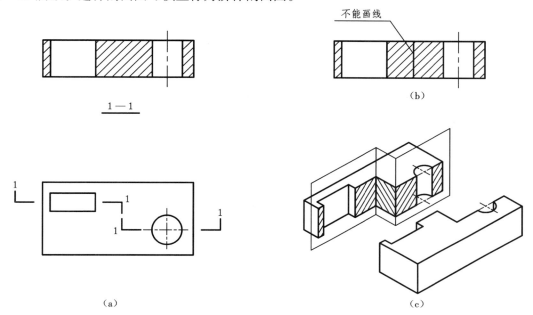

图 7−11 用两个平行的剖切平面剖切

因为剖切是假想的,所以两个剖切平面的转折处不能画出分界线,如图 7−11(b)是错误的画法。还要注意的是,在剖面图上不应出现不完整的孔洞等元素,如图 7−12(a)所示。当两个元素在图形上具有公共对称中心线或轴线时,可以以对称中心线或轴线为界各画一半,如图 7−12(b)所示。

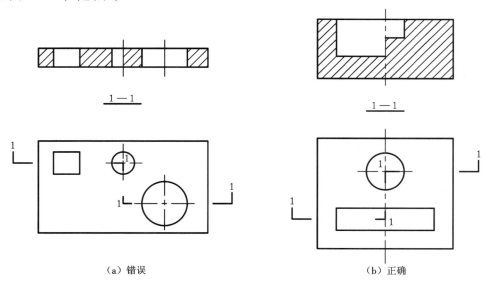

图 7−12 用两个平行平面剖切的注意事项

3. 用两个或两个以上相交的剖切面剖切

当形体有明显的回转轴时,常用这种方式来表达内部形状。采用这种剖切方法画剖面图时,先假想按剖切位置剖开形体,然后将倾斜于投影面的剖面及其关联部分的形体绕剖切面的交线(投影面垂直线)旋转至与投影面平行后再进行投射,在剖切面之后的其他结构形状一般仍按原来的位置投射。用此法剖切时,应在剖面图的图名后加注"展开"字样,如图7-13所示。

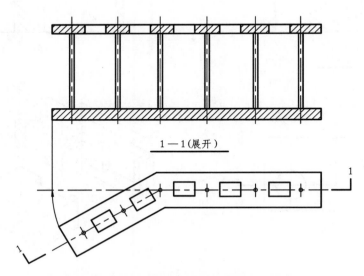

图 7 - 13　用两个或两个以上相交的剖切面剖切

7.1.4　剖面图的种类

剖面图可分为全剖面图、半剖面图和局部剖面图三类。

1. 全剖面图

用剖切面将形体完全剖切所得到的剖面图,称为全剖面图,如图7-14所示。显然,全剖面图适用于外形简单、内部结构复杂的形体。

全剖面图一般应标注出剖切位置线、投射方向线和剖面编号,如图7-14所示。

2. 半剖面图

当形体具有对称平面时,在垂直对称平面的投影面上投射所得的视图,以对称中心线为界,一半画外形,另一半画剖面图,这种图形称为半剖面图,如图7-15所示,这样就避免了重叠不清的虚线,并清楚地表达了形体内外的形状。

画半剖面图应注意以下几点:

(1)剖面部分与视图部分的分界线必须是对称中心线,不能画成其他图线;

(2)由于形体对称,形体内部形状已在剖面部分表达清楚,在视图部分的虚线可省略不画,只画外形线。

半剖面图中剖面图的位置:当图形左右对称时,左边画外形,右边画剖面;当图形上下对称时,上边画外形,下边画剖面,如图7-16所示。

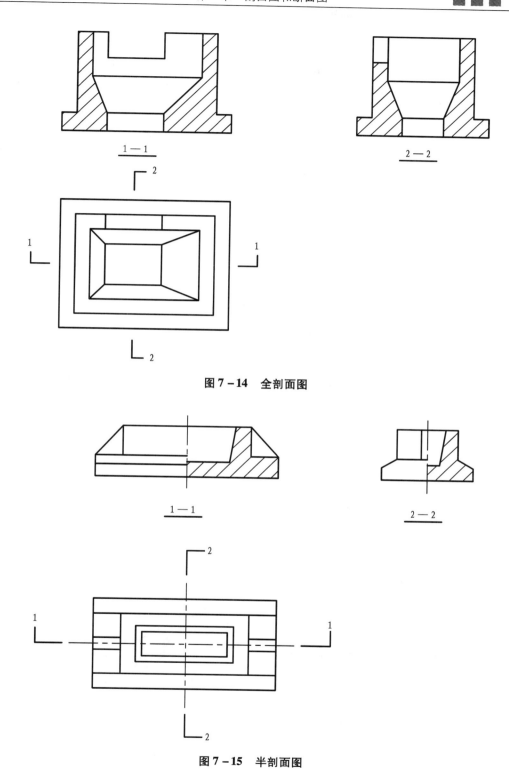

图 7 – 14　全剖面图

图 7 – 15　半剖面图

3. 局部剖面图

用剖切面局部地剖开形体所得的剖面图,称为局部剖面图。用折断线或波浪线作为局

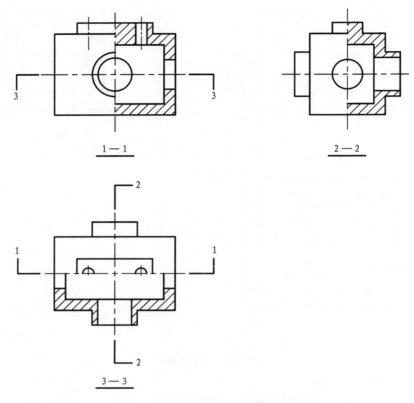

图 7-16 半剖面图中剖面图的位置

部剖面图与视图的分界线。如图 7-17 所示,用局部剖面图来表示杯形基础的底板配筋。

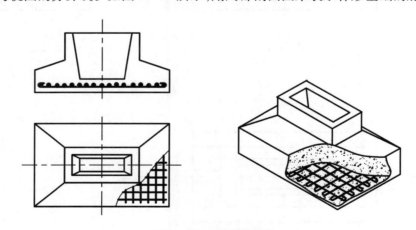

图 7-17 局部剖面图

工程中常用分层局部剖面图表达多层材料构成的形体。图 7-18 为用分层局部剖面图表示路面结构的分层做法。

画局部剖面图应注意以下几点:

(1)波浪线是假想断裂面的投影,只能画在形体表面的实体部分,不能超过图轮廓,也不能"悬空",波浪线不能与轮廓线重合,如图 7-19 所示;

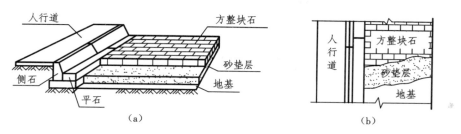

图 7 - 18　路面结构分层局部剖面图

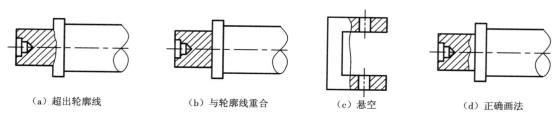

（a）超出轮廓线　　　　（b）与轮廓线重合　　　　（c）悬空　　　　（d）正确画法

图 7 - 19　局部剖面图的正确画法和错误画法对比

（2）当形体为对称形体,恰好有一轮廓线与对称线重合,不适合作半剖,应取局部剖面图,如图 7 - 20 所示。

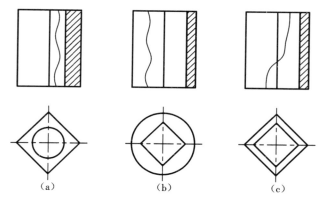

图 7 - 20　中心线与轮廓线重合的局部剖面图

7.1.5　轴测投影的剖切画法

为了帮助理解形体的内外结构情况,在作剖面图的过程中常常要勾画轴测图。根据需要选定剖切位置,一般用平行于坐标面的剖切平面切割形体,画出形体被剖切后的剖面轮廓线,擦去多余的图线,补画出由于剖切而可见的图线,并在剖面区域内画上通用剖面线,从而得到物体被剖切后的轴测投影,如图 7 - 21 所示。剖面部分的通用剖面线的倾角及间距,则依轴测投影的种类不同而不同,如图 7 - 21（f）所示。

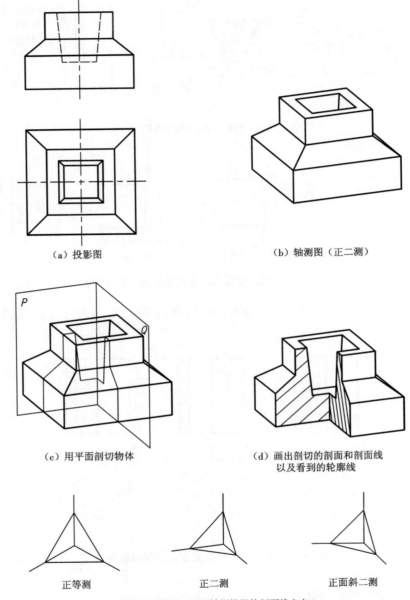

（a）投影图　　　　　　　　　　　　　　（b）轴测图（正二测）

（c）用平面剖切物体　　　　　　　（d）画出剖切的剖面和剖面线
　　　　　　　　　　　　　　　　　　　　以及看到的轮廓线

正等测　　　　　　　　　　正二测　　　　　　　　正面斜二测

（e）画剖面线时，不同轴测投影的剖面线方向

图 7 -21　轴测投影的剖切画法

例 7.1　读懂 7 -22（a）所示二视图，画出 1—1 剖面图。

解题分析

1. 分析视图

对照正立面图和平面图的投影关系可以看出：该形体前后对称，左右不对称；由两个长方体组成，左边称 A 形体，右边称 B 形体；两形体上顶面平齐，并且内部相通，如图 7 -22（b）所示。

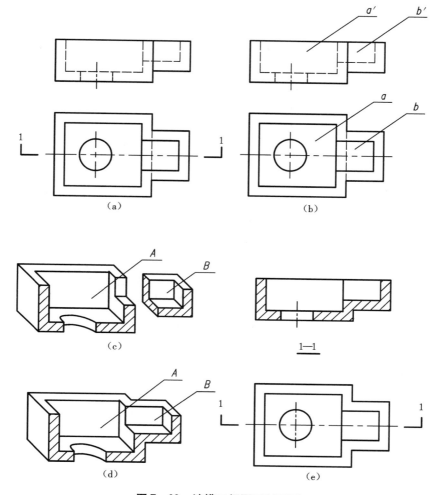

图 7 - 22　读懂二视图画剖面图

2.分析形体

A 形体:图中有两个套在一起的矩形线框,表明中间部分为凸或凹,再对照正立面图,表明中间为凹下去的空腔,它是在一个长方体中挖去一个长方体形成的;平面图中的实线圆与正立面图中底板处的虚线对应,表明是圆孔;右侧壁上的图线表示此处有小方口与 *B* 形体相通,如图 7 - 22(c)所示。

B 形体:*B* 形体与 *A* 形体相似,也是在一个长方体中挖去一个长方体形成的,左边开口与 *A* 形体相通,如图 7 - 22(c)所示。

(3)综合想象

综合起来想象整体,如图 7 - 22(d)所示。

作图过程

由上述阅读分析已知,该形体前后对称,1—1 为全剖面图,如图 7 - 22(e)所示。

例 7.2　读懂图 7 – 23(a)所示形体的二视图,用一组适当的视图将其表达清楚。

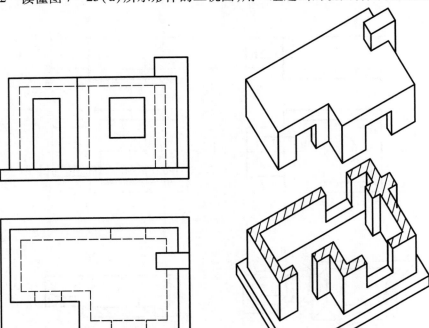

（a）　　　　　　　　　　　　　　　　（b）

图 7 – 23　形体的二视图和轴测图

解题分析

1. 分析形体

从所给的二视图中可以看出,该形体为一简化了的"L"形小房屋,放置在一个扁的长方形板上,其上下、左右均不对称。

2. 分析视图

平面图与立面图对应分析可以看出,两图中的虚线反映了该形体的墙体、屋顶的厚度。

平面图反映了小房屋左边窄,右边宽;左边前面墙上开门洞,右边前、后墙上开有大小相同的窗洞。

立面图表明小房屋左、右同高,也表明门洞及窗洞在高度方向的尺度及定位。

两图配合阅读可以看出,最右边的侧墙上有一长方形立柱跨在其上并高出屋顶。

作图过程

1. 确定视图数目

根据上述分析,要将小房屋外形表达清楚,需要两个剖面图和一个立面图。

2. 确定视图内容

立面图删除虚线,保留可见实线和外形轮廓线。

1—1 剖面图表达房屋内部的平面形状和门窗洞口、方柱的位置和尺度。

2—2 剖面图表达房屋内部空间在高度上的形状、位置和尺度。

作图结果如图 7 – 24 所示。

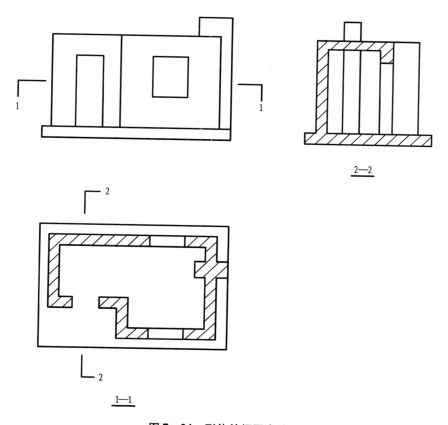

图 7 - 24 形体的视图表达

7.2 断面图

7.2.1 断面图的形成

假想用剖切面将形体的某处切断,仅画出该剖切面与形体接触部分的图形,该图形称为断面图,也可简称断面,如图 7 - 25 所示。

断面与剖面的区别是:前者仅仅画出物体被剖切面切到部分的图形,而后者还需画出剖切面后面物体的可见部分的投影。

断面图是剖面图中的一部分,主要用于表示形体某一部位的断面形状,把断面与视图结合起来表示某些形体时,可使绘图大为简化。

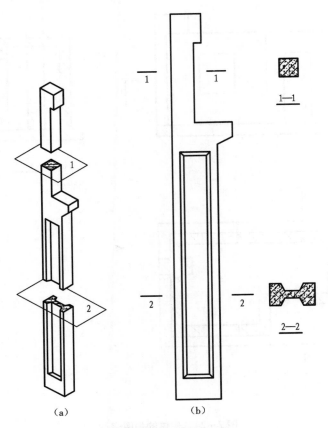

（a）　　　　　　（b）

图 7 – 25　断面图的形成

7.2.2　断面图的分类及画法

根据断面图在图中的位置不同可分为移出断面图和重合断面图两类。

1. 移出断面图

画在视图的轮廓线外面的断面图,称为移出断面图,如图 7 – 26 所示。

移出断面图轮廓线用粗实线绘制。移出断面图可以画在剖切线的延长线上或其他适当的位置,如图 7 – 26(b)所示;形体较长而且断面形状相同的也可以把断面图放在视图中间断开处,如图 7 – 26(c)所示。

移出断面图一般应标注剖切位置(6 ~ 10 mm 短粗实线),用数字或大写拉丁字母的注写位置来表示投射方向。如图 7 – 25 所示,数字或字母写在剖切线下方,表示向下投射。若断面图与被剖切的图样不在同一张图纸内,可在剖切位置线的另一侧注明其所在图纸的编号,也可以在图上集中说明。

若移出断面图画在剖切线的延长线上或中断处,则无须标注断面图名称,如图 7 – 26(a)、(b)、(c)所示;若断面图不对称,则需标注投射方向,如图 7 – 26(b)所示;当形体有多个断面图时,断面图名称宜按顺序排列,如图 7 – 26(d)所示。

2. 重合断面图

重合画在视图内的断面图,称为重合断面图,如图 7 – 27 所示。

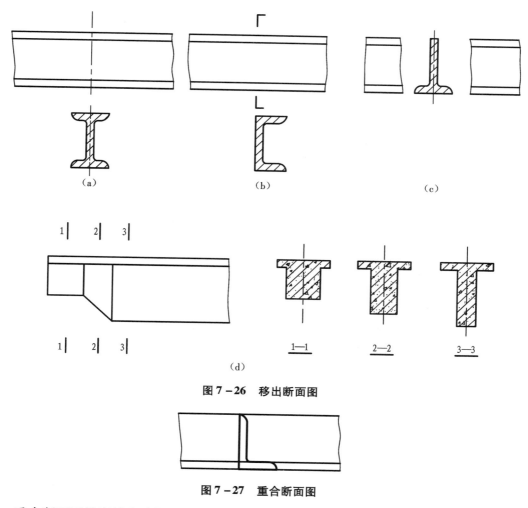

图 7 - 26 移出断面图

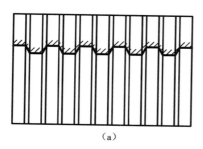

图 7 - 27 重合断面图

重合断面图轮廓线在建筑图中一般采用比视图轮廓线粗的实线画出。当视图中的轮廓线与重合断面图的图形重叠时,视图中的轮廓线仍应连续画出,不可间断,如图 7 - 27 所示。

重合断面图一般不加任何标注,只需在断面轮廓范围内画出材料符号或通用剖面线。如重合断面图的轮廓线不画成封闭图形时,只需沿轮廓线边缘画出部分剖面线,如图 7 - 28 (a)所示。当断面尺寸较小时,不易画出材料符号或通用剖面线,可将断面图涂黑,如图 7 - 28(b)所示。

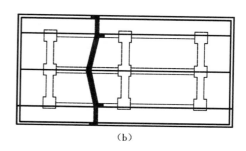

图 7 - 28 重合断面图表示

第 8 章　轴测图

在工程上应用正投影法绘制的多面正投影图,可以完全确定物体的形状和大小,且作图简便、度量性好,依据这种图样可制造出所表示的物体。但它缺乏立体感、直观性较差,要想象物体的形状,需要运用正投影原理把几个视图联系起来看,对缺乏读图知识的人难以看懂。而轴测图是一种单面投影图,在一个投影面上能同时反映出物体三个坐标面的形状,并接近于人们的视觉习惯,形象逼真、富有立体感。但是轴测图一般不能反映出物体各表面的实形,因而度量性差,同时作图较复杂。因此,在工程上常把轴测图作为辅助图样来表达形体的立体构成,弥补正投影图的不足。

图 8-1 所示为多面正投影图与轴测图的对比。

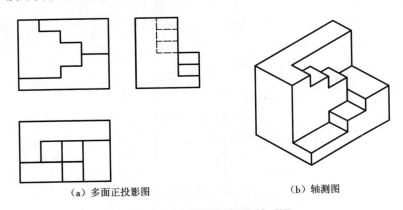

（a）多面正投影图　　　　　　　　　　（b）轴测图

图 8-1　多面正投影图与轴测图

8.1　轴测图的基本概念

8.1.1　轴测图的形成

将物体连同其参考直角坐标系用平行投影法将其投射在单一投影面上所得到的具有立体感的图形称为轴测图。如图 8-2 所示,用正投影法形成的轴测图称为正轴测图,用斜投影法形成的轴测图称为斜轴测图。

8.1.2　轴间角和轴向伸缩系数

1. 轴间角

每两个轴测轴间的夹角,称为轴间角,即 $\angle XOY$、$\angle XOZ$、$\angle YOZ$。

2. 轴向伸缩系数

轴测轴上的单位长度与相应空间直角坐标轴上的单位长度之比,称为轴向伸缩系数。

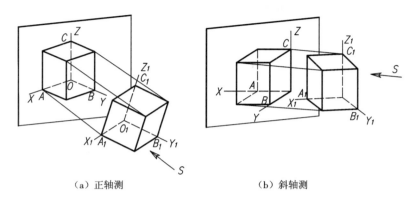

（a）正轴测　　　　　　　　　　（b）斜轴测

图 8 - 2 轴测图的形成

X、Y、Z 方向的轴向伸缩系数分别用 p、q、r 表示。

如图 8 - 2 所示：

$\dfrac{OA}{O_1A_1} = p$ 称为 X 轴向的伸缩系数；

$\dfrac{OB}{O_1B_1} = q$ 称为 Y 轴向的伸缩系数；

$\dfrac{OC}{O_1C_1} = r$ 称为 Z 轴向的伸缩系数。

8.1.3 轴测图的分类

根据轴向伸缩系数的不同,轴测图又可分为等测、二测和三测轴测图。

1. 正轴测投影（投影方向垂直于轴测投影面）

（1）正等轴测投影（简称正等测）:轴向伸缩系数 $p = q = r$。

（2）正二轴测投影（简称正二测）:两个轴向伸缩系数相等（$p = q \neq r$ 或 $p = r \neq q$ 或 $q = r \neq p$）的正轴测投影,称为正二等轴测投影。

（3）正三轴测投影（简称正三测）:轴向伸缩系数 $p \neq q \neq r$。

2. 斜轴测投影（投影方向倾斜于轴测投影面）

（1）斜等轴测投影（简称斜等测）:轴向伸缩系数 $p = q = r$。

（2）斜二轴测投影（简称斜二测）:轴测投影面平行于一个坐标平面,且平行于坐标平面的两根轴的轴向伸缩系数相等（$p = q \neq r$ 或 $p = r \neq q$ 或 $q = r \neq p$）的斜轴测投影,称为斜二等轴测投影。

（3）斜三轴测投影（简称斜三测）:轴向伸缩系数 $p \neq q \neq r$。

工程上主要使用正等测、斜二测和斜等测,本章也只介绍这三种轴测图的画法。

8.1.4 轴测投影的基本特性

由于轴测投影属于平行投影,因此它具有平行投影的全部特性。绘制轴测图时经常使用的基本特性如下。

1. 平行性

物体上相互平行的两条直线的轴测投影仍相互平行。同理,物体上与坐标轴平行的直线,在轴测图中也必定与相应的轴测轴平行。

2.定比性

空间中两平行线段或者同一直线上的两线段长度之比在轴测投影图中保持不变。

3.沿坐标轴的轴向长度可以按伸缩系数进行度量

由于平行线的轴测投影仍互相平行,因此物体上凡是平行于 OX、OY、OZ 轴的线段,其轴测投影必平行于 OX、OY、OZ 轴,且具有和 OX、OY、OZ 轴相同的轴向伸缩系数。在轴测图中,只有沿轴测轴方向才可以测量长度,这就是"轴测"二字的含义。

8.2　正等轴测图

8.2.1　轴间角和轴向伸缩系数

1.轴间角

正等轴测投影中,由于物体上的三条直角坐标轴与轴测投影面的倾角均相等,因此与之相对应的轴测轴之间的轴间角也必相等,即 $\angle XOY = \angle YOZ = \angle XOZ = 120°$,如图 8 − 3(a)所示。

2.轴向伸缩系数

正等轴测投影中,OX、OY、OZ 轴的轴向伸缩系数相等,即 $p = q = r$。经数学推导得,$p = q = r \approx 0.82$。为作图方便,可简化轴向伸缩系数 $p = q = r = 1$,这样画出的图形在沿各轴向长度上均分别放大 $1/0.82 \approx 1.22$ 倍,如图 8 − 3(b)、(c)所示。

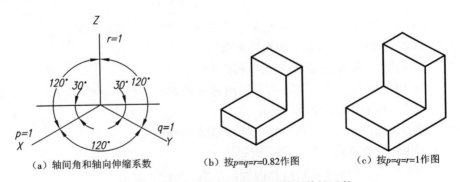

（a）轴间角和轴向伸缩系数　　　　（b）按$p=q=r=0.82$作图　　　　（c）按$p=q=r=1$作图

图 8 − 3　正等轴测图的轴间角和轴向伸缩系数

8.2.2　平面立体的正等轴测图的画法

1.坐标法

根据立体上各点的坐标值画出各顶点的轴测投影,然后连接轮廓线形成立体的轴测投影。

例 8.1　作图 8 − 4(a)所示三棱锥的正等轴测图。

解题分析

对图 8 − 4(a)中的形体引入坐标系 $OXYZ$,这样就确定了三棱锥各顶点的坐标,进而可以根据各顶点的坐标值绘制轴测图。

作图过程

（1）在三棱锥上确定坐标轴和原点。

（2）绘制轴测轴，按照轴向确定底面各顶点以及锥顶 S 在底面的投影 s，如图 8 - 4（b）所示。

（3）沿 Z 向确定锥顶 S，如图 8 - 4（c）所示。

（4）连接各顶点，完成作图。在轴测图中一般不画虚线，有时为了增加立体感，允许绘制少量的虚线，作图结果如图 8 - 4（d）所示。

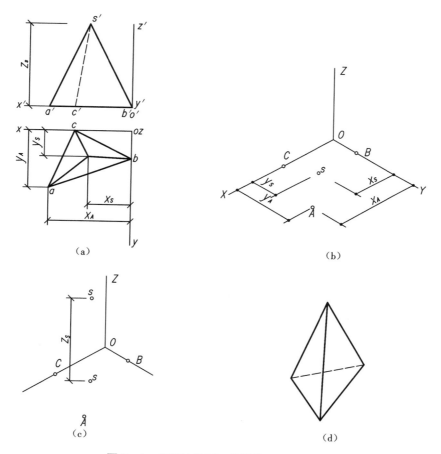

（a）　　　　　　　　　　　　　　　（b）

（c）　　　　　　　　　　　　　　　（d）

图 8 - 4　坐标法绘制三棱锥的正等轴测图

2. 端面延伸法

对于棱柱体，绘制轴测图时可以先画出其反映特征的一个可见端面，然后将该端面延伸，画出可见的棱线及不可见端面上的可见底边。

例 8.2　作图 8 - 5（a）所示正六棱柱的正等轴测图。

解题分析

正棱柱的前后、左右都有对称线，因此可以把坐标原点设在顶面的中心处，顶面在正等轴测图中可见，故先绘制顶面。

作图过程

(1)在视图中建立坐标轴和原点。

(2)绘制轴测轴,根据尺寸 a 和 b 确定点 Ⅰ、Ⅱ、Ⅲ 和Ⅳ,如图 8 - 5(b)所示。

(3)过点 Ⅰ、Ⅱ 作 OX 轴的平行线,并在 Ⅰ、Ⅱ 两边各取 $c/2$,连接各顶点,如图 8 - 5(c)所示。

(4)过各顶点向下延伸画出可见的侧棱线和下底面的可见边,距离为 h,结果如图 8 - 5(d)所示。

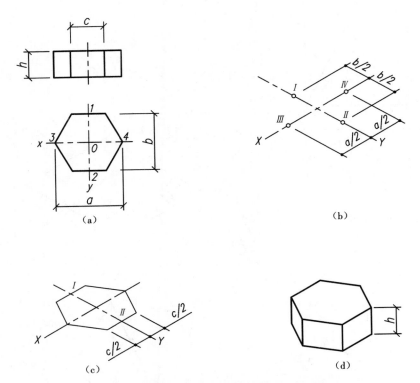

图 8 - 5　端面延伸法绘制正六棱柱的正等轴测图

由图 8 - 5 可以看出,首先绘制可见的面,可以减少作图过程中不必要的作图线,在实际练习中需要加以注意。

3. 切割法

有些形体可以看作由简单形体切割而成,作图时可以先画出没有切割的完整的简单形体,进而通过切割形成实际形体的轴测图。

例 8.3　作图 8 - 6(a)所示形体的正等轴测图。

解题分析

该形体可看成在一个完整长方体左上方切掉一个长方体,然后再由一铅垂面切去左前角而形成。

作图过程

(1)首先绘制完整的长方体的正等轴测图,并根据轴向的尺寸 h_2 和 l_3 切去左上方的长方体,如图 8 - 6(b)所示。

（2）沿轴向量取尺寸 b_2 和 l_2，切去左前角，如图 8 - 6（c）所示。

（3）擦除多余的作图线，加深可见的轮廓线，结果如图 8 - 6（d）所示。

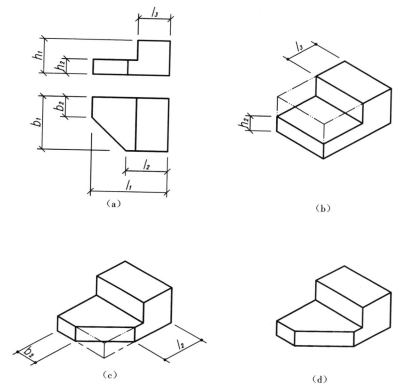

图 8 - 6 切割法绘制形体的正等轴测图

4. 叠加法

有些形体可以看作由几个简单形体叠加而成，作图时一般先画较大的形体，然后在此基础上叠加上其他的部分，形成完整的形体。

例 8.4 作图 8 - 7（a）所示形体的正等轴测图。

解题分析

该形体可看成在图 8 - 6 上方叠加了一个长方体，绘制时可以首先按照图 8 - 6 的绘制过程先绘制下面形体，然后根据两者的相互关系叠加新的部分形成整体。

作图过程

（1）按照图 8 - 6 的绘制过程绘制下面的形体。

（2）以上表面为基准，绘制上面的长方体，如图 8 - 7（c）所示。

（3）擦除多余的作图线，加深可见的轮廓线，形成完整形体的正等轴测图，结果如图 8 - 7（d）所示。

实际作图过程中，针对某些形体可能需要几种以上的方法来进行轴测图的绘制，如图 8 - 7 所示，其中既有切割法又有叠加法，作图时需要根据形体的具体特点进行绘制。

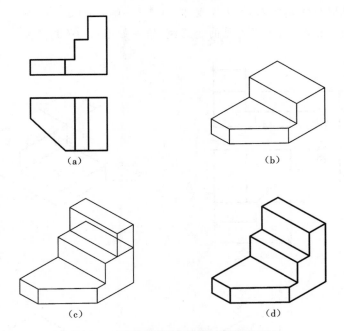

图 8 – 7　叠加法绘制形体的正等轴测图

8.2.3　曲面立体的正等轴测图的画法

绘制曲面立体的正等轴测图,首先需要掌握各种位置圆的正等轴测图的画法。

1. 平行于坐标面的圆的正等轴测图的画法

平行于三个坐标面的圆的正等轴测投影都是椭圆,实际作图时,一般采用简化画法,即用四段彼此相切的圆弧来代替椭圆,称作四心法。

图 8 – 8 所示为一水平圆采用四心法绘制正等轴测投影的作图过程。

(1)以圆心为原点建立坐标轴,作外切正方形,切点为 1、2、3、4,如图 8 – 8(a)所示。

(2)绘制轴测轴,沿轴向作出外切正方形的轴测图(为一菱形),连接菱形的对角线,如图 8 –8(b)所示。

(3)过切点 1、2、3、4 作菱形各边的垂线,得到交点 O_1、O_2、O_3、O_4,其即为四心法的四个圆心。O_2、O_4 为菱形短对角线的顶点,O_1、O_3 处于菱形的长对角线上,如图 8 – 8(c)所示。

(4)以 O_2、O_4 为圆心,以 O_24(O_41)为半径画出大圆弧 34 和 12;以 O_1、O_3 为圆心,以 O_11(O_32)为半径画出小圆弧 41 和 23。四段圆弧彼此相切构成近似椭圆,如图 8 – 8(d)所示。

平行于其他两个坐标面的圆的正等轴测投影的画法与此相同,区别是圆的中心线所平行的坐标轴不同,因此菱形的方向和椭圆的长短轴方向也不相同,如图 8 – 9 所示。

2. 圆角的正等轴测图的画法

平行于坐标面的圆角,实际上是四分之一圆角,其正等轴测投影对应于四心法绘制的椭圆中的一段圆弧,从图 8 – 8 中圆角和圆弧的对应关系也可以看出。

例 8.5　作图 8 – 10(a)所示形体的正等轴测图。

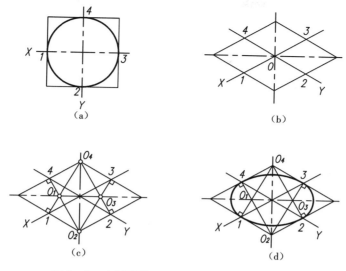

图 8-8　水平圆的正等轴测椭圆的四心法画法

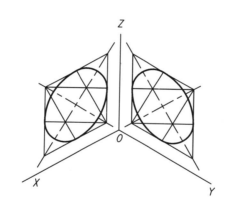

图 8-9　正平圆和侧平圆的正等轴测图

解题分析

　　该形体可看作一个长方体在左前和右前方切割成圆角,作图时可以先绘制完整的长方体,然后再绘制圆角。

作图过程

　　(1)绘制长方体的正等轴测图,并根据圆角半径 R,在顶面相应的边上定出切点 1、2 和 3、4,如图 8-10(b)所示。

　　(2)过切点 1、2 分别作出相应边的垂线得交点 O_1,同样过切点 3、4 作相应边的垂线得交点 O_2,如图 8-10(c)所示。

　　(3)以 O_1 为圆心,以 $O_1$1 为半径作圆弧 12,以 O_2 为圆心,以 $O_2$3 为半径作圆弧 34,这样就得到顶面圆角的轴测图,如图 8-10(d)所示。

　　(4)将圆心 O_1、O_2 及切点下移厚度 h,再用与顶面圆弧相同的半径分别作圆弧,即得底面圆角的轴测图,如图 8-10(e)所示。

　　(5)作右端上、下小圆弧的公切线,擦去多余的作图线并加深可见的轮廓线,这样就得到带圆角形体的正等轴测图,如图 8 – 10(f)所示。

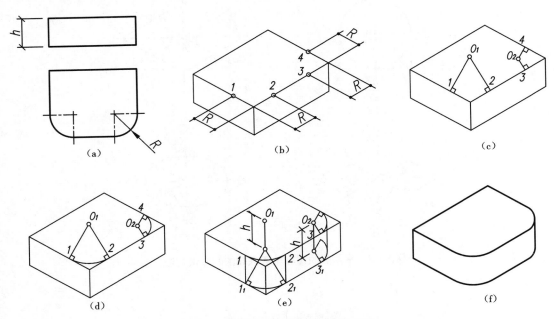

图 8 – 10　圆角的正等轴测图的画法

例 8.6　作图 8 – 11(a)所示带切口圆柱体的正等轴测图。

解题分析

该圆柱体的左上角和左下角被对称地切去两块,这是轴测图要表达的重点,因此在画轴测图时,先绘制完整的圆柱体的正等轴测图,然后再按切口尺寸切割形体。

作图过程

(1)将坐标原点定在左端圆心处,使 OX 轴与圆柱体轴线重合,如图 8 – 11(a)所示。

(2)绘制轴测轴 OX、OY 和 OZ,以圆柱体的直径 D 为边长作菱形,如图 8 – 11(b)所示。

(3)用四心法画出左端面的椭圆,根据圆柱体的高度 H 作出右端面椭圆的可见部分,并作两端面椭圆的公切线,如图 8 – 11(c)所示。

(4)将左端面椭圆的四个圆心沿 OX 轴向右平移距离 A,作截断面椭圆,其次根据尺寸 B 画出切口部分,如图 8 – 11(d)所示。

(5)擦除多余的作图线,加深可见的轮廓线,完成带切口圆柱体的正等轴测图,如图 8 – 11(e)所示。

8.3　斜轴测图

8.3.1　轴间角和轴向伸缩系数

斜轴测图中,最常采用的是正面斜二测和水平斜等测,它们的轴间角和轴向伸缩系数如图 8 – 12 所示。其轴测轴的方向都是特殊角,可以用丁字尺和三角板直接作出。

正面斜二轴测图(简称正面斜二测):轴测投影面平行于 V 投影面,因此 $\angle XOZ = 90°$,p

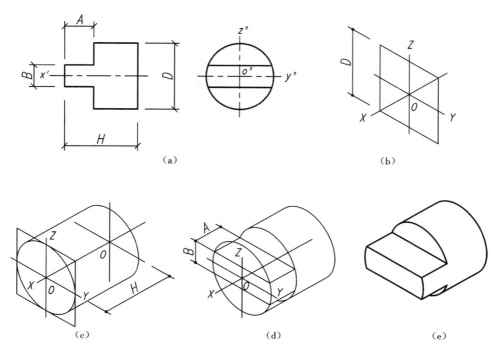

（a）　　　　　　　　　　　　　　　　　（b）

（c）　　　　　　　　　　（d）　　　　　　　　　　（e）

图 8 - 11　带切口圆柱的正等轴测画法

$= r = 1, q = 0.5$，如图 8 - 12(a)所示。

　　水平斜等轴测图（简称水平斜等测）：轴测投影面平行于 H 投影面，因此 $\angle XOY = 90°$，$p = q = r = 1$；OX 轴与水平方向的夹角可以取 30°、45°、60°等，如图 8 - 12(b)所示。

　　斜轴测图的基本画法与正轴测相同，其最大的优点是平行于轴测投影面的图形反映实形，因而适用于绘制某个方向表面复杂或者为圆形的形体。

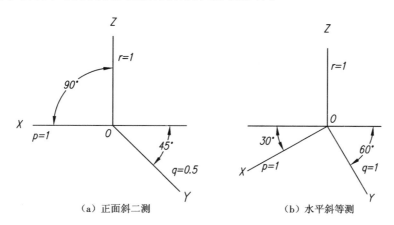

（a）正面斜二测　　　　　　　　　　（b）水平斜等测

图 8 - 12　斜轴测图的轴间角和轴向伸缩系数

8.3.2　正面斜二轴测图

　　正面斜二轴测图因为 $\angle XOZ = 90°$，$p = r = 1$，即正平面上的图形反映实形，因此作图时可以充分利用这一特点。

例 8.7 作图 8 – 13(a)所示形体的正面斜二轴测图。

解题分析

该形体的 V 面投影中有圆和圆弧,在正面斜二测中反映实形,前后端面距离为 B,平行于 OY 轴。轴测图中,前端面的图形可见,后端面圆和圆弧有一部分可见。

作图过程

(1)将前端面的圆心定为轴测原点,同时画出轴测轴,如图 8 – 13(a)所示。

(2)将反映实形的 V 面投影按照实形绘制,如图 8 – 13(b)所示。

(3)前后端面两圆心量取 $B/2$,确定后端面的圆心,绘制可见的圆弧,外部可见圆弧间作公切线;同时将平面体部分按照端面延伸的方法绘制。整理加深可见的轮廓线,结果如图 8 – 13(c)所示。

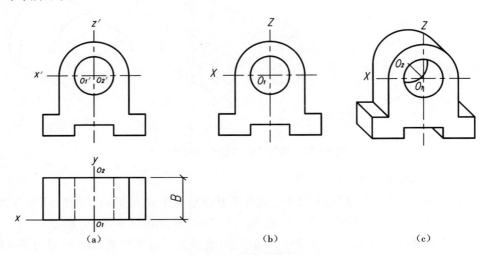

图 8 – 13 正面斜二轴测图的画法

8.3.3 水平斜等轴测图

水平斜等轴测图因为 $\angle XOY = 90°$,$p = q = r = 1$,所以 H 面投影反映实形,只需将平面图旋转一定的角度后作出高度即可。图 8 – 14 所示的水平斜等轴测图,常用于表现建筑总平面中建筑群的鸟瞰图。

8.4 轴测图的选择

在绘制轴测图时,首先要解决的是选用哪种轴测图来表达物体。正等测图、正二测图和斜二测图由于它们的投射方向与轴测投影面之间的角度以及投射方向与坐标平面之间的角度均有所不同,物体本身的特殊形状也会影响立体效果。所以,在选择时应该考虑画出的图样有较强的立体感,不能有大的变形,以免不符合日常的视觉效果;同时还要考虑从哪个方向去观察物体,才能使物体的特征部位显示出来。

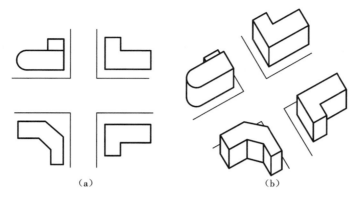

图 8 – 14　建筑群的水平斜等轴测图

8.4.1　轴测图类型的选择

（1）轴测图都可根据正投影图来绘制，在正投影图中如果物体的表面有和水平方向成45°的面时，就不应采用正等轴测图。因为这种方向的平面在正等轴测图上积聚为一条直线，平面显示不出来，削弱了图形的立体感，应采用正面斜二测图或正二测图，如图 8 – 15 所示，正二测图立体感较好。

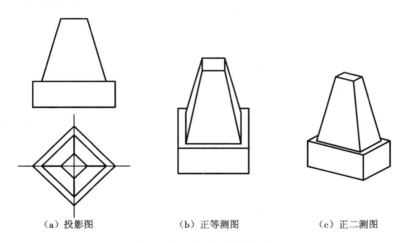

(a) 投影图　　　　　　　(b) 正等测图　　　　　　　(c) 正二测图

图 8 – 15　轴测图的选择

（2）正等测图的轴间角和轴向伸缩系数均各自相等，故平行于三个坐标平面的圆的轴测投影（椭圆）的画法相同，且作图较简便。因此，立体上有水平圆或侧平圆时宜采用正等测圆。

（3）凡平行于 V 面的圆或曲线，常用正面斜二测图。其轴测投影反映实形，画法较为方便。因此，凡具有正平圆或曲线的立体，以采用正面斜二测图为宜。

8.4.2   投射方向的选择

在决定了轴测图的类型以后,还需根据物体的形状选择一适当的投影方向,使需要表达的部分最为明显。投射方向的选择,相当于观察者选择从哪个方向观察物体。图 8 - 16 画出了四种不同观察方向的斜二测图。

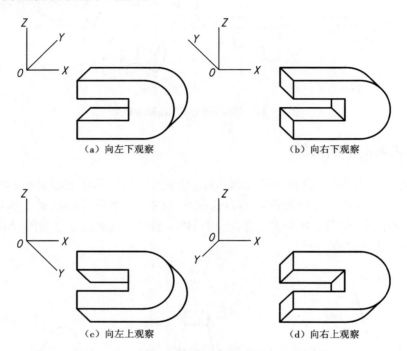

（a）向左下观察   （b）向右下观察

（c）向左上观察   （d）向右上观察

图 8 - 16   四种不同方向投影的正面斜二轴测图

从图 8 - 16 中可以看出,实际表达形体时,除了选择轴测图的类型外,还可以进一步根据所要表达部位选择相应的投影方向来表达形体的特征部位。

图 8 - 17 所示为物体从不同方向投影所得的三个正等轴测图。其中,图 8 - 17(b)主要显示物体的上、前、左部分;图 8 - 17(c)显示物体的上、前、右部分;图 8 - 17(d)显示物体的底、前、右部分。从表现形体的特征来看,图 8 - 17(b)最好,图 8 - 17(c)次之。图 8 - 17(d)主要表达物体底部的形状,底部为一平板,而复杂的部分未表达出来,所以较差。

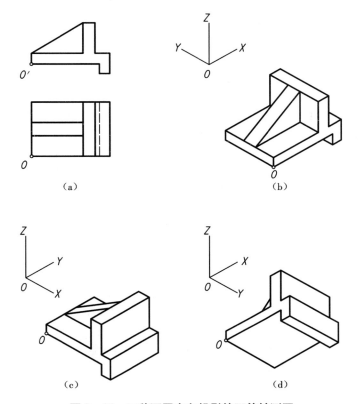

（a）　　　　　　　　　　（b）

（c）　　　　　　　　　　（d）

图 8 − 17　三种不同方向投影的正等轴测图

第9章　标高投影

工程建筑物总是和地面联系在一起,它与地面形状有着密切的关系。因此,在建筑物的设计和施工中,常常需要绘出表达地面形状的地形图,以便在图上解决有关工程问题。但地面形状比较复杂,高低不平,没有规则,而且长度、宽度尺寸与高度尺寸相比要大得多,如仍采用前述的多面正投影法来表达地面形状,不仅作图困难,也不易表达清楚。因此,本章将研究一种新的图示方法,即标高投影法。图9-1所示的地面形状可用图9-2所示的地形图即标高投影图来表示。

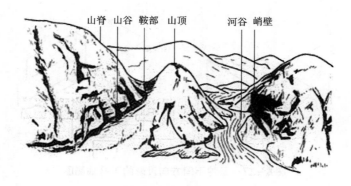

图9-1　地形面

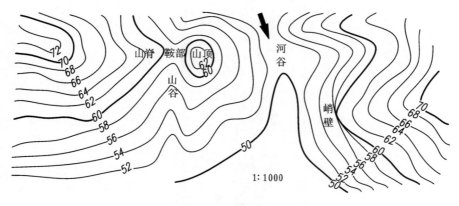

图9-2　地形图

标高投影法是在水平投影面上,以数值标注各处高度来表示形体的一种图示方法。

9.1 点和直线的标高投影

9.1.1 点的标高投影

　　点的标高投影就是注出点所在位置高度的点在水平基准面上的正投影。如图9－3(a)所示,H面为水平基准面,A、B、C点的高度分别为5、0、-3,它们的标高投影应标注为a_5、b_0、c_{-3},如图9－3(b)所示。在标高投影图中应注明比例或画出比例尺,长度单位为米(m,图上不需单独说明)。

　　我国黄海海平面的平均高度为我国地形图的测量基准面,点所在位置的高度称为点的标高或高程。

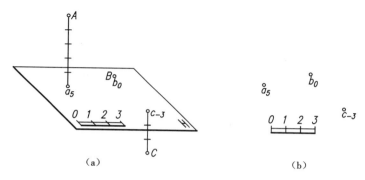

图9－3 点的标高投影

9.1.2 直线的标高投影

　　直线的标高投影一般用直线上两点的标高投影表示。如图9－4(a)所示,AB直线的标高投影为a_5b_2;CD直线垂直于H面,在H面的投影积聚为一点,其标高投影也重合为一点c_5d_2,如图9－4(b)所示。

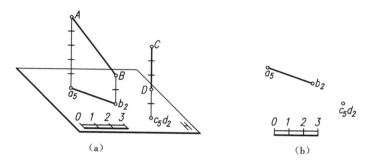

图9－4 直线的标高投影

1. 直线的坡度和平距

　　直线的坡度i即为直线上两点水平距离为1时的高差,如图9－5(a)所示。

　　直线的平距l即为两点的高差为1时的水平距离,如图9－5(b)所示。

如果线段 AB 两端点的水平距离为 L,高差为 H,AB 对 H 面的倾角为 α,则坡度 i、平距 l、倾角 α 三者的关系为

$$i = 1/l = H/L = \tan \alpha$$

$$l = 1/i = L/H = \cot \alpha = 1/\tan \alpha$$

由此可知,坡度和平距互为倒数,坡度大则平距小,坡度小则平距大。

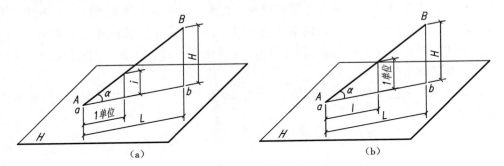

图 9 - 5　直线的坡度和平距

例 9.1　已知 AB 直线的标高投影 $a_{24}b_{12}$,求直线 AB 的坡度、平距以及直线上 C 点的标高,如图 9 - 6(a)所示。

作图过程

(1) 由比例尺量得直线 AB 的水平距离为 36,因为 AB 的高差为 $24 - 12 = 12$,所以坡度 $i = 12/36 = 1/3$。

(2) 平距为坡度的倒数,所以 $l = 3$。

(3) 由比例尺量得 AC 的水平距离为 15,AC 和 AB 的坡度相同均为 $1/3$,可以计算出 AC 的高差为 $15 \times (1/3) = 5$,则 C 点的标高为 $24 - 5 = 19$,结果如图 9 - 6(b)所示。

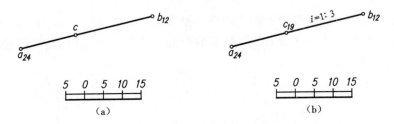

图 9 - 6　求直线 AB 的坡度、平距及 C 点的标高

2. 直线标高投影的另一种表示法

直线还可以用直线上一点的标高投影和直线的坡度表示,其箭头指向下坡方向,如图 9 - 7 所示。

3. 直线的实长和倾角

如果给出直线的标高投影图,则可直接求出直线的实长及其对 H 面的倾角。作图方法如图 9 - 8 所示,已知 AB 直线的标高投影 a_5b_2,首先通过 a_5、b_2 两点作 a_5b_2 线的垂线,并分别量出 5、2(分别为 A、B 两点高度)两段距离,求得 A、B 两点,将 A、B 相连,其长度即为 AB 的实长,与其投影的夹角即为 α 角。

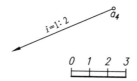

图 9 - 7　直线标高投影的另一种表示法

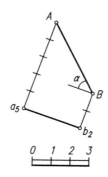

图 9 - 8　求直线的实长和倾角

4. 直线的整数标高点

如图 9 - 9 所示，已知直线 AB 的标高投影图 $a_{3.5}b_{6.7}$，可以求出直线的整数标高点 4、5、6。方法是通过 AB 直线作一铅垂平面 P（作图时应将该平面旋转 $90°$），然后用适当的比例在 P 平面上作各整数标高的水平线，再根据 A、B 两点的标高 3.5、6.7 在 P 平面上画出 AB 直线。该线与各整数标高的水平线交于 Ⅳ、Ⅴ、Ⅵ 点，从这些点向 $a_{3.5}b_{6.7}$ 作垂线，即可得到各整数标高点。显然，相邻整数标高点间的距离应该相等，这个距离就是直线的平距。

如果各水平线间的距离是采用所给比例画的，则 AB 应反映实长，它与水平线夹角反映 AB 对 H 面的倾角 α。

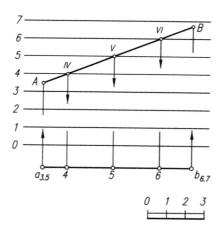

图 9 - 9　求直线上整数标高点

9.2　平面的标高投影

9.2.1　平面上的等高线和坡度线

1. 等高线

平面上的水平线就是平面的等高线。如图 9 – 10(a)所示,P 平面的等高线可看作是用水平面截切 P 平面所得的交线。这些交线向水平投影面投射所得的投影即为平面上等高线的标高投影,如图 9 – 10(b)所示。

平面内等高线有如下特点:

(1)等高线为直线,且互相平行;

(2)等高线的高差相等时,其水平间距也相等。

在实际应用中,常取整数标高的等高线,它们的高差一般取整数,并且把平面与基准面的交线作为高程为零的等高线。

2. 坡度线

平面内的最大坡度线有三种,分别是相对于水平面、正平面、侧平面的最大坡度线。其中对水平面的最大坡度线称为平面的坡度线,如图 9 – 10(a)、(b)所示。

平面内的坡度线有如下特征:

(1)平面内的坡度线与等高线互相垂直,它们的水平投影也垂直;

(2)平面内坡度线的坡度就代表该平面的坡度,坡度线的平距就是平面内相邻等高线间的距离。

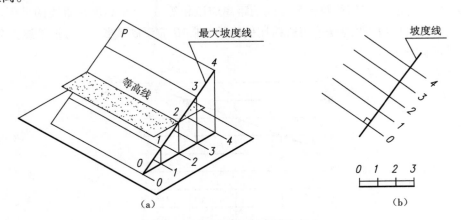

图 9 – 10　平面内等高线和坡度线

9.2.2　平面的标高投影表示法

1. 用一组等高线表示平面

图 9 – 11(a)所示为一岸堤,堤顶标高为 6,斜坡面的坡度为 1∶2,此斜坡面可以用它的一组等高线表示,如图 9 – 11(b)所示。

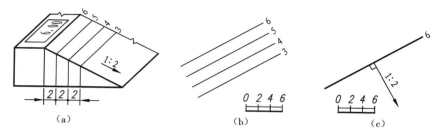

图 9 - 11　平面的表示方法

2. 用一条等高线和平面的坡度表示平面

上述斜坡面还可以用一条等高线及其坡度表示,如图 9 - 11(c)所示。

3. 用平面内一条倾斜线和平面的坡度表示平面

图 9 - 12(a)所示为一标高为 4 的水平场地,其斜坡引道两侧的斜面 *ABC* 和 *DEF* 的坡度为 2:1,斜面 *ABC* 可由倾斜线 *AB* 的标高投影 a_4b_0 及斜面坡度 2:1 表示,如图 9 - 12(b)所示。图中 a_4b_0 旁边的箭头只是表明斜坡平面向直线的某一侧倾斜,并不确切地表示坡度的方向,因此将它画成带箭头的虚线。

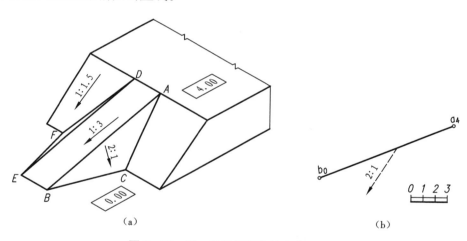

图 9 - 12　用一条倾斜线和坡度表示平面

例 9.2　如图 9 - 12(b)所示,平面由一条倾斜线 a_4b_0 和平面的坡度 2:1 确定,求平面的等高线。

作图过程

1. 求标高为 0 的等高线

如图 9 - 13(a)所示,标高为 4 的等高线与标高为 0 的等高线之间水平距离为高差/坡度 = 4/(2/1) = 2。如图 9 - 13(b)所示,以 A 的标高投影 a_4 为圆心,以 2 为半径画圆弧,然后过 b_0 作圆弧的切线,这条切线即为标高为 0 的等高线,连接 a_4 和切点 k_0 即为平面的坡度线。

2. 求其他等高线

因为平面的坡度为 2:1,则此平面的平距为 0.5。从比例尺中量取平距 0.5,作标高为 0 的等高线的平行线,画出标高为 1、2、3、4 的等高线,如图 9 - 13(b)所示。

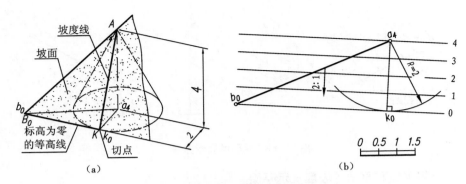

图 9 – 13   作平面上的等高线和坡度线

例 9.3   已知 A、B、C 三点的标高投影 a_1、b_6、c_2，求这三点所确定的平面的坡度线、平距和倾角 α，如图 9 – 14 所示。

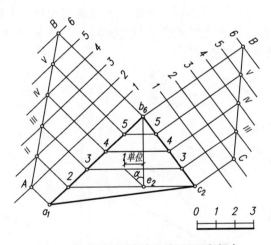

图 9 – 14   求平面的坡度线、平距和倾角

作图过程

（1）连接 a_1、b_6、c_2，按照图 9 – 9 所示方法分别求出 a_1b_6 和 c_2b_6 的整数标高点，把标高相等的点相连即为等高线，相邻等高线之间的距离为平距。

（2）过 b_6 作等高线的垂直线 b_6e_2，即为平面的坡度线。

（3）坡度线的倾角即为平面的倾角，可用直角三角形的方法求出此倾角，为此把一个平距作为直角三角形的一条边，另一条边从比例尺上量取一个单位，即可求出 α 角，如图 9 – 14 所示。

9.2.3   两平面相交

在标高投影中，求两平面的交线与第 2 章中用辅助平面法求两平面交线的原理和方法相同。在标高投影中一般采用水平面作为辅助平面。如图 9 – 15 所示，水平面 H_9 与平面 P、Q 交出一对标高均为 9 的水平线，这一对水平线的交点 A_9 就是相交两平面的一个共有点；同理求出另一个共有点 B_6，两点连线 A_9B_6 即为所求交线。

例 9.4   已知 P 平面由一组等高线表示，Q 平面由一条等高线和平面的坡度表示，如图

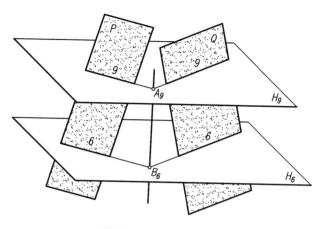

图 9 – 15　两平面相交

9 – 16(a)所示,求两平面的交线。

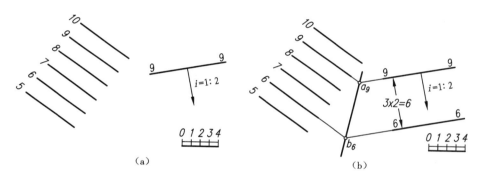

（a）　　　　　　　　　　　　（b）

图 9 – 16　求两平面的交线

作图过程(如图 9 – 16(b)所示)

（1）两平面标高为 9 的等高线相交得交线上一点 a_9。

（2）在 Q 平面上作一条标高为 6 的等高线,由 $i = 1/2$ 得标高为 6 的等高线与标高为 9 的等高线的距离 $L = H/i = (9 - 6)/(1/2) = 6$,据此画出高程为 6 的等高线。

（3）两平面标高为 6 的等高线相交得交线上的另一交点 b_6。

（4）连 a_9、b_6 就是所求两平面的交线。

　　例 9.5　如图 9 – 17(a)所示,在标高为零的地面上修一斜坡支线同主线相连,已知主线顶面标高为 4,主线两侧坡面与支线两侧坡面的坡度均为 1∶1,试作出其坡脚线及坡面间交线。

作图过程

1. 求坡脚线

如图 9 – 17(b)所示,主线边坡顶到标高为零等高线的水平距离 $L = (4 - 0)/(1/1) = 4$,即可作出标高为零的等高线,也即主线边坡坡脚线。

支线两侧坡面坡脚线求法与图 9 – 13 所示方法一样,分别以点 a_4、b_4 为圆心,以 $R = (4 - 0)/(1/1) = 4$ 为半径画圆弧,再自点 c_0、d_0 分别作此两圆弧的切线,即为支线引道两侧的坡脚线。图 9 – 17(b)还示出了各坡面的其他等高线及各坡面同高程等高线的交点。

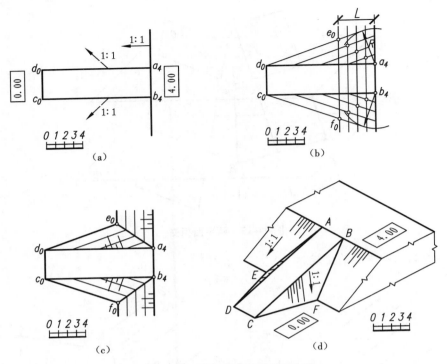

图 9 – 17 求坡脚线及坡面间交线

2. 求坡面交线

如图 9 – 17(c)所示,主线坡脚线与支线两侧坡脚线的交点 e_0、f_0 就是主线坡面与支线两侧坡面的共有点,点 a_4、b_4 也是主线坡面和支线两侧坡面的共有点,连接 a_4、e_0 和 b_4、f_0,连线就是所求的坡面交线。

3. 画出示坡线

注意引道两侧边坡的示坡线应分别垂直于平面上的等高线 e_0d_0 和 f_0c_0,如图 9 – 17(c)所示。

立体图如图 9 – 17(d)所示。

为把坡面表达得更清楚,常在垂直等高线的方向上,由高向低画出长短相间的细实线,称为示坡线。

例 9.6 如图 9 – 18(a)、(b)所示,已知堤顶高程为 4 的土堤和路面坡度 $i = 1:4$ 的土堤斜引道,设地面高程为 0,各坡面的坡度如图 9 – 18(b)所示,试作土堤与斜路坡面间、坡面与地面间的交线。

解题分析

由图 9 – 18(a)知,土堤和斜路面两侧的坡脚线是各坡面和地面的交线,即各坡面上标高为 0 的等高线。两坡脚线的交点 C_0、E_0 为坡面交线上的共有点,坡顶相交于另一共有点 A_4、F_4,连接两共有点即为坡面交线。

作图过程

1. 作土堤的坡脚线

如图 9 – 18(c)所示,根据已知条件,计算出堤顶边线与地面间的水平距离 $L_1 = (4 -$

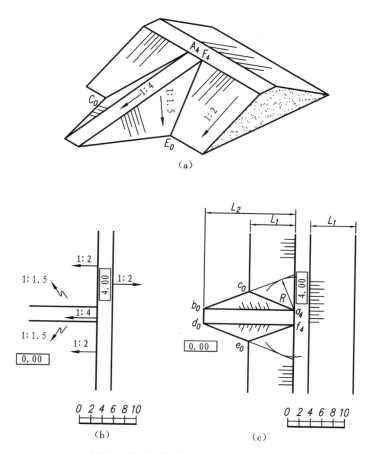

图 9 - 18　作斜路与土堤的标高投影

0)/(1/2) =8，自堤顶两侧边线量取 8，作平行线即为所求的坡脚线。

2. 作斜引道两侧坡脚线

先根据已知的斜引道的坡度 $i=1:4$，计算出 $L_2=16$，从而可以作出斜引道与地面的交线 b_0d_0；斜引道两侧坡面可按图 9 - 13 的方法作图。在图 9 - 18(c) 中，以点 a_4 为圆心，以 $R=(4-0)/(1/1.5)=6$ 为半径作圆弧，从 b_0 引圆弧的切线 b_0c_0 即为斜引道坡面与地面的交线；同理可作出 d_0e_0。

3. 作两坡面交线

a_4、f_4 为土堤坡面与斜引道坡面的两个共有点，c_0、e_0 为土堤坡面与斜引道两侧坡面的另两个共有点，分别连接 a_4c_0 和 f_4e_0 即为两坡面的交线。

4. 画出各坡面示坡线，完成作图

9.3　曲面的标高投影

在标高投影中表示曲面和表示平面一样，也是用一系列水平面截切曲面，得到一系列截交线，画出这些截交线的水平投影图，并注出截交线所在位置的高度，即为曲面的标高投影图。这里主要介绍实际工程中常用的正圆锥面、同坡曲面和地形面的标高投影图。

9.3.1　正圆锥面

正圆锥面的标高投影是用一系列高差相等的水平面截切正圆锥面,所得的截交线(水平圆)向水平投影面投射所得的投影。

正圆锥面的标高投影有以下特性:

(1)等高线都是同心圆;

(2)等高线间的水平距离相等;

(3)当圆锥面正立时,等高线越靠近圆心,其标高数值越大,如图9-19(a)所示;

(4)当圆锥面倒立时,等高线越靠近圆心,其标高数值越小,如图9-19(b)所示,标注标高数字时注意数字字头要朝向高处。

正圆锥面上的素线就是锥面上的坡度线,所有素线的坡度都相等。

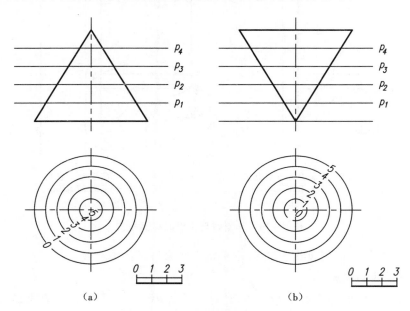

图9-19　正圆锥面的标高投影

例9.7　在水库大坝的连接处,用圆锥面护坡,水库底标高为118.00 m,北面、西面、圆锥台顶面标高及各坡面坡度如图9-20(a)所示,试求坡脚线与各坡面间的交线。

解题分析

本题坡面相交为平面与曲面相交,故交出的坡面线为曲线。应作出曲线上适当数量的点,依次连接。注意圆锥面的等高线是圆弧线,圆锥面的坡脚线也是一段圆弧线,如图9-20(b)、(c)所示。

作图过程

1.作坡脚线

各坡面的水平距离

$$L_1 = H/i = (130 - 118)/(1/2) = 24$$
$$L_2 = H/i = (130 - 118)/(1/1) = 12$$

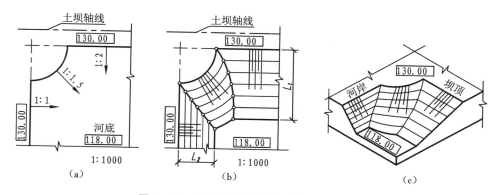

图 9 - 20　土坝与河岸连接处的标高投影图

$$L_{锥坡} = H/i = (130 - 118)/(1/1.5) = 18$$

根据各坡面的水平距离,即可作出它们的坡脚线。

必须注意:圆锥面的坡脚线是圆锥台顶圆的同心圆,其半径为锥台顶圆的半径与锥坡的水平距离(18 m)之和。

2. 作坡面交线

在各坡面上作出同高程的等高线,它们的交点即为坡面交线上的点,(在此作出了128、126、124、122、120、118 的等高线)依次光滑地连接各点,即得坡面交线。

3. 画出各坡面的示坡线即完成作图

必须注意:不论平面还是锥面的示坡线,都应该垂直于坡面上的等高线。

9.3.2　同坡曲面

图 9 - 21(a)所示为一段倾斜的弯曲道路,两侧曲面任何位置坡度均相同,这种曲面称为同坡曲面。图 9 - 21(b)为同坡曲面的形成过程,一正圆锥的锥顶沿一曲导线移动,其轴线始终垂直于 H 面,则外公切于所有正圆锥的曲面(包络曲面)即为同坡曲面。显然,正圆锥面上每一条素线的坡度均相等,所以正圆锥面是同坡曲面的特例。

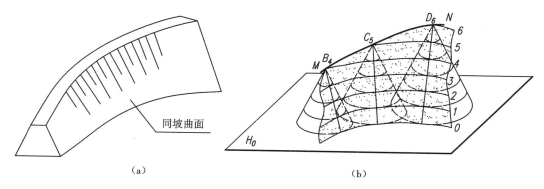

图 9 - 21　同坡曲面

同坡曲面具有以下特性:

(1)运动的正圆锥在任何位置都和同坡曲面相切;

（2）正圆锥的坡度就是同坡曲面的坡度；

（3）同坡曲面的等高线与圆锥面的同标高等高线圆相切，据此可以作出同坡曲面的等高线，如图 9 - 22 所示。

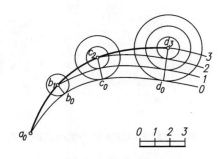

图 9 - 22　同坡曲面等高线

例9.8　图 9 - 23（a）所示为一弯曲引道，由此面逐渐升高与干道相连，干道顶面高程为 4，地面标高为 0，斜引道上的整数标高位置见图，各坡面的坡度均为 1∶1，求坡脚线及坡面交线。

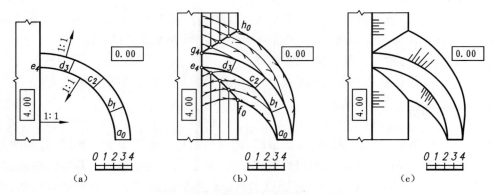

（a）　　　　　　　　（b）　　　　　　　　（c）

图 9 - 23　求同坡曲面的等高线

解题分析

分别求出弯道两侧同坡曲面及干道坡面上高差为 1 的等高线。干道坡面与弯道坡面同名等高线的交点的连线即为坡面交线，各坡面与地面的交线为坡脚线。

作图过程

如图 9 - 23（b）所示：

（1）曲导线上的整数标高点 a_0、b_1、c_2、d_3、e_4 是运动正圆锥的锥顶位置；

（2）根据已知同坡曲面的坡度 $i = 1∶1$，算出同坡曲面上平距 $l = 1/i = 1$；

（3）作出各圆锥面的等高线，分别以锥顶 b_1、c_2、d_3、e_4 为圆心，以 l、$2l$、$3l$、$4l$ 为半径画同心圆，即得各锥面上的等高线；

（4）作各圆锥面同高程等高线的公切曲线，即为同坡曲面上相应标高的等高线；

（5）按前述方法求出干道坡面上的等高线（直线）；

（6）求出弯道与干道同名等高线的交点并连接，即得坡面交线，如图 9 - 23（b）中的 $e_4 f_0$、$g_4 h_0$；

（7）各坡面上高程为 0 的等高线就是坡脚线；

（8）整理、去掉作图过程线，画出示坡线，即得最终结果，如图 9-23(c) 所示。

9.3.3　地形面

1. 地形图

如图 9-24(a) 所示，假想用高差相等的水平面去截切山峰，得到一系列截交线。将这些截交线向水平面投射，便得到一组高程不同的等高线，标出等高线的高度（规定高度数值朝向高处），即为山峰的标高投影图，如图 9-24(b) 所示。

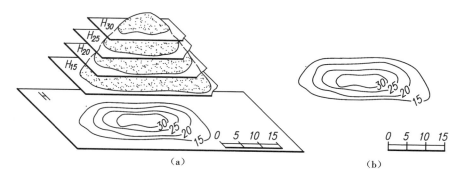

图 9-24　山峰的标高投影

工程上把这种图形称为地形图，地形图上的等高线有如下特性：

（1）等高线一般是封闭曲线；

（2）等高线愈密表明地势愈陡，反之地势愈平坦；

（3）除悬崖绝壁的地方外，等高线不相交。

图 9-2 表达了地形面上的不同地形。

（1）山脊和山谷：山脊和山谷的等高线都是朝一个方向凸出的曲线，顺着等高线的凸出方向看，若等高线的高程数值愈来愈小，则为山脊地形；反之，则为山谷地形。

（2）鞍部：相邻两山峰之间，地面形状像马鞍的区域称为鞍部。

（3）峭壁：等高线几乎重合在一起，此处地势非常陡峭，称为峭壁。

2. 地形断面图

为了更清楚地表达地形情况及工程设计的需求，还常常对地形辅以地形断面图。它是用一铅垂平面剖切地形面，画出剖切平面与地形面的交线及材料图例，即为地形断面图，如图 9-25 所示。

如图 9-25(a) 所示，用一铅垂平面 A—A 截切地形面，所得地形断面图如图 9-25(b) 所示。方法是将铅垂平面 A—A 与地形图上各等高线的交点 1、2、…、13 作为横坐标，一系列等距的平行线（标出对应的高度值）作为纵坐标。找出各点的位置，徒手连接各点，并画上材料图例，即为地形断面图。

一般说来，地面的高差与水平距离数值相差很大，有时不需要剖面的实际形状，而只要了解断面处的地形变化。所以在地形图中，高度方向的比例可以不同于水平方向的比例。

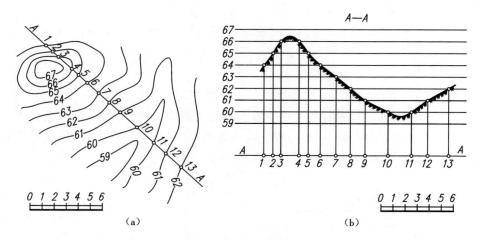

图9-25 地形断面图

例9.9 已知地形图及直线 AB 的标高投影如图9-26(a)所示,求直线 AB 与地面的交点。

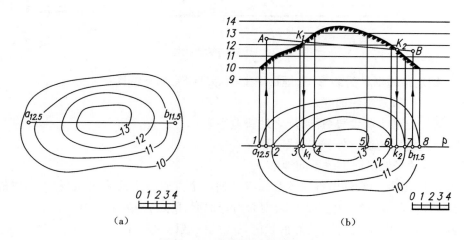

图9-26 求直线与地面交线

解题分析

通过 AB 直线作铅垂辅助面剖切地面,画出地形面的断面图和 AB 的空间位置,即可找到直线 AB 与地面的交点。

作图过程(如图9-26(b)所示)

(1)平行于 $a_{12.5}b_{11.5}$ 作一组等距的平行线,并注以与地形图中相应的标高数字9、10、11、12、13、14;将过 AB 直线的辅助铅垂面 P 与各等高线的交点1、2、…、8向上投到相应标高的直线上,得断面图上的一系列点。用光滑曲线顺次连接各点,即得地形断面图。

(2)根据 A、B 两点的标高数值,将 AB 直线套作在地形断面图上。

(3)直线 AB 与地形断面轮廓线的交点 K_1、K_2 就是 AB 与地面的交点。

(4)由 K_1、K_2 返回到 $a_{12.5}b_{11.5}$ 上,即可求出直线 AB 与地面交点的水平投影 k_1 和 k_2。线段 k_1k_2 为不可见,应画成虚线。

9.4　标高投影在土建工程中的应用(工程实例)

　　构筑物(指不是供人们居住和生活的建筑,如桥梁、大坝等)或建筑物需要修筑在地面上,就需要解决交线问题。构筑物的交线是指构筑物表面坡面间的交线。构筑物与地面的交线是指构筑物施工边界线,即填方工程(地面标高比构筑物标高低,需填筑才能满足要求)的坡脚线和挖方工程(地面标高比构筑物标高高,需挖掉一些填土才能满足要求)的开挖线。

　　利用地形的标高投影可以解决这些交线问题。求解交线的基本方法一般情况仍然是用水平面作辅助面,求相交两个面的共有点,如果交线是直线,只需求出两个共有点而后连成直线即可;如果交线是曲线,则应求出一系列的共有点,然后依次连接即得交线。

　　例 9.10　如图 9－27(a)所示,在给定的地形图上修筑高程为 30 的水平广场。已知填方坡度为 1:2,挖方坡度为 1:1.5,求填、挖方坡面的边界线和各坡面间的交线。

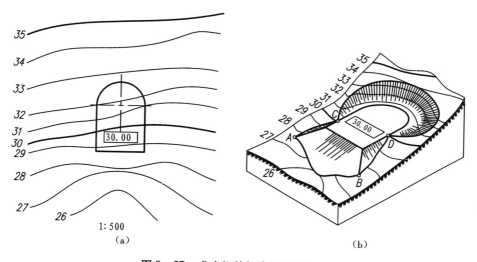

图 9－27　求广场的标高投影图(一)

解题分析

　　(1)因为水平广场高程为 30,所以高程为 30 的等高线就是挖方和填方的分界线,它与水平广场的交点 *C*、*D* 就是填、挖边界线的分界点。

　　(2)广场北边挖方部分包括一个倒圆锥面和两个与倒圆锥面相切的平面。倒圆锥面的等高线为一组同心圆,圆的半径愈大,其高程愈高。由于倒圆锥面和它两侧的平面坡度相同,所以它们的同高程等高线相切。

　　(3)填、挖方分界线以南都是填方,填方广场平面轮廓为矩形,所以边坡面为三个平面,其坡度皆为 1:2。填方坡面上的等高线愈往外其高程愈低。每个坡面不仅与地面相交,而且相邻两个坡面也相交。因此,广场左下角和右下角都有三面(两个坡面和地面)共点的问题,即三条交线必交于一点,如图 9－27(b)中的 *A*、*B* 两点。由于相邻两坡面的坡度相等,故此两坡面的交线是两坡面同高程等高线相交的角平分线(即 45°线)。

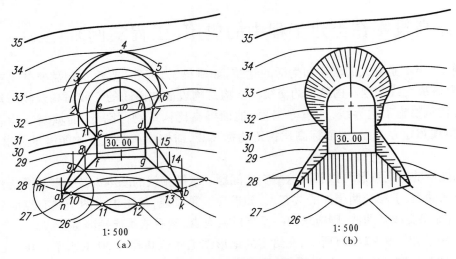

图 9-28　求广场的标高投影图(二)

作图过程(如图 9-28 所示)

1. 求挖方边界线

首先以 o 为圆心,间距为挖方平距 $l=1/i=1.5$,画出一系列同心圆,即为圆锥面的等高线。两侧平坡面的等高线与倒圆锥面同高程等高线相切,画出间距为 $l=1.5$ 的平行线。作出填、挖方分界线以北坡面等高线与地面同高程等高线的交点 $1,2,3,\cdots,7$,即为边界线上的点,依次连接各点,即得挖方边界线。

2. 求填方边界线

首先画出两相邻坡面的交线,过 f、g 两点画广场边角的角平分线,即为坡面间的交线。然后作出三个坡面的等高线,间距为填方平距 $l=1/i=2$。找出坡面等高线与地面同高程等高线的交点 $8,9,\cdots,15$,顺次连接各点,即得填方边界线。

从图 9-28(a) 左下角圆圈部分可以看出,西面坡脚线 $c-8-9-n$ 与南面坡脚线 $13-12-11-10-m$ 一定交于 a 点(三面共点)。am、an 已到了两坡面交线 fa 的另一侧,因此画成了虚线。图中右下角的 b 点也用同样方法求出。

3. 画出各坡面的示坡线

注意:填、挖方示坡线有别,长短画皆自高端引出,如图 9-28(b) 所示。

例 9.11　在图 9-29(a) 所示的地形面上,修筑带有弯道的斜坡道路,道路顶面示出了整数标高线 22、24、26、28、30、32,道路两侧的填方坡度为 1:1.5,挖方坡度为 1:1,求填、挖边界线。

解题分析

道路中间的弯曲段两侧边坡面为同坡曲面,其他两段是直道,边坡面为平面。从图 9-29(a) 中可以看出,道路东南边地面等高线 28 与路面高程线 28 恰好相交,可求出路边的 n 点,如图 9-29(b) 所示,即为东南坡面填、挖分界点;道路西北坡面的填、挖分界点是在路面高程线 26、28 之间,确切的分界点要通过作图求得。

作图过程

道路两侧填、挖边界线求法相同,下面仅就西北坡面的填、挖边界线的求法加以叙述。

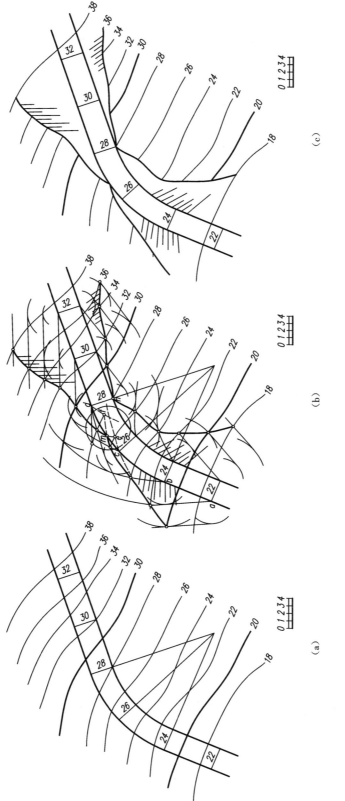

图 9-29 弯曲斜坡道路的标高投影图

（1）作填方范围内坡面上的等高线。以路边线上的高程点22、24、26、28即a、b、c、d为圆心，以R（即平距$l=1.5$）、$2R$、$3R$为半径画圆弧，作同高程圆弧的公切线，即坡面的等高线。其中同坡曲面范围内等高线为曲线，平坡面范围内的等高线为直线，其同高程的等高线直线与曲线应相切。

（2）作填方范围内坡面边界线。坡面上各等高线与地面上同高程等高线相交，其交点即为边界线上的点，顺次连接各点，即得填方坡面边界线。

（3）挖方范围内坡面上等高线和坡面边界线的做法与填方相同，但应注意挖方坡度为$1:1$，辅助圆锥为倒圆锥，圆弧半径愈大，其等高线高程数值愈大。

（4）定出填、挖分界点。扩大填方边坡面范围，如过d点向路面内作一条虚等高线28与地面等高线28交于f点，将求得的填方边界线延长与f点相连交路边线于m点，即填、挖分界点。同理，从挖方段来作，过c点向路面内作挖方边坡面上的虚等高线26与地面等高线26交于e点，延长挖方边界线与e点相连，也必然交于路边线的m点（如果作图足够准确的话）。

（5）同理作出道路东南面的填、挖边界线，n点为填、挖分界点可以直接找到。

（6）画出填、挖边坡面上的示坡线，完成作图，如图9-29（c）所示。必须注意，同坡曲面上的示坡线也应垂直于曲面上的等高线。

例9.12　在图9-30（a）所示的地形图上修筑道路，图中示出了路面位置。图9-30（b）、（c）示出了填、挖方路面的标准断面图。已知路面的坡度为$1:20$，A—A断面处路面的高程为70，求道路两侧坡面与地面的填、挖边界线。

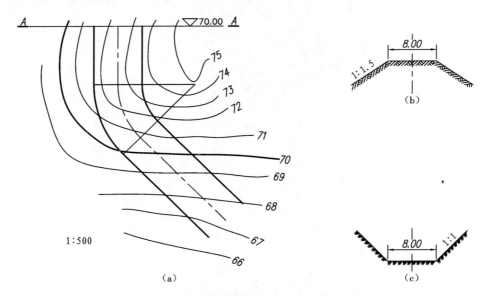

图9-30　求道路两侧坡面与地面的交线（一）

解题分析

求道路两侧坡面与地面的交线，常用坡面与地面同高程等高线相交求交点的方法来解决。本例道路的某些地方坡面上等高线与地面等高线接近平行，若采用上述方法则不易求出同高程等高线的交点，而道路路面坡度又较缓，因此本例采用地形断面法求填、挖边界线上的点。即在道路中线上每隔一定距离作一个与道路中线(投影)垂直的铅垂面同时剖切地面和道路,所得地形断面与道路断面截交线的交点,即填、挖边界线上的点。

作图过程

(1)从 A—A 断面开始,在道路中线上每隔 10 m 作横断面 B—B、C—C、D—D、E—E。根据路面坡度 1∶20,算出各断面处的路面高程分别为 69.50、69.00、68.50、68.00。

(2)作 A—A 断面图,如图 9 – 31(a)所示。为了作图方便,将 A—A 断面图作在 A—A 剖切线投影相对应的位置。首先,按图 9 – 26 的作图法作出 A—A 地形断面图,并定出道路中心线。然后,把 A—A 剖切面与道路两边的交点 a、b 垂直地投影到高程线 70 上得 a_0、b_0。从图中可知,此处路面低于地面,应按挖方坡度 1∶1 作出道路断面图。最后,把道路断面两边坡线与地形断面的交点 1_0、2_0 按箭头方向返回到 A—A 剖切线上得 1、2 两点,即为挖方边界线上的点。

(3)作 B—B 断面,如图 9 – 31(b)所示。在适当位置作道路断面的中心线,并以此为准作地形断面图;将 B—B 剖切面与路面的交线对应地作到高程线 69.50 上,因路面低于地面,应按挖方坡度 1∶1 作出道路断面图;从套作的两个断面图中,得出交点 3_0、4_0,返回 B—B 剖切线上得 3、4 两点,即挖方边界线上的点。

(4)作 C—C、D—D、E—E 断面,如图 9 – 31(b)所示。作图方法与 B—B 相同,但必须注意,在 D—D 断面中,右为挖方(坡度为 1∶1),左为填方(坡度为 1∶1.5),应分别按不同坡度作出道路断面的边坡线;E—E 断面左边为填方,右边路面刚好与地面的高程相同,应为填、挖分界点。

(5)求填、挖分界点,如图 9 – 31(a)所示。道路右侧的填、挖分界点 n 可直接从图中求得。另一侧的填、挖分界点不能直接求出,但从图 9 – 31(b)中可以看出,这个分界点一定在 C—C、D—D 两剖切面之间,它是此两断面间路面边线与该处地形断面的交点。做法如下:通过边线 $k1$ 作铅垂断面图 1—1,在 1—1 断面图中求出直线 kl 与地面的交点 M,将 M 点返回 $k1$ 上得 m 点,即填、挖分界点。在图 9 – 31(a)的左下方 1—1 断面图中,为了作图清楚,高度方向的尺寸适当地放大了,但并不影响交点的位置。

(6)依次连接所求同侧各点,即得填、挖边界线。画出边坡面的示坡线,即完成全图。

必须指出,用断面法求点只有当路面坡度较小,即路面比较平缓的情况下才适用。如路面坡度较大,断面图上的边坡线和实际相差较大时,则不宜采用断面法。

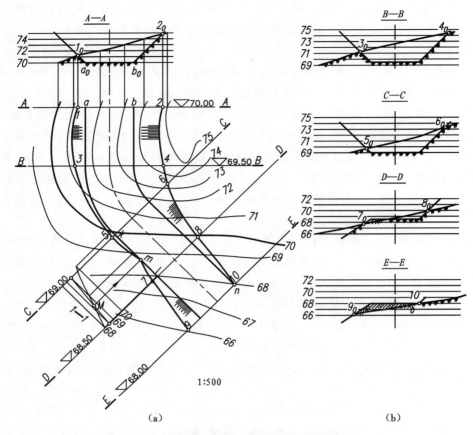

（a）　　　　　　　　　　　　　　（b）

图 9 – 31　求道路两侧坡面与地面的交线（二）